Push your Career Publish your Thesis

Science should be accessible to everybody. Share the knowledge, the ideas, and the passion about your research. Give your part of the infinite amount of scientific research possibilities a finite frame.

Publish your examination paper, diploma thesis, bachelor thesis, master thesis, dissertation, or habilitation treatises in form of a book.

A finite frame by infinite science.

An Imprint of
Infinite Science GmbH
MFC 1 | Technikzentrum Lübeck
BioMedTec Wissenschaftscampus
Maria-Goeppert-Straße 1
23562 Lübeck
book@infinite-science.de
www.infinite-science.de

Bandherausgeber

Thorsten M. Buzug
Institut für Medizintechnik
Universität zu Lübeck
buzug@imt.uni-luebeck.de

Reihe: Medizinische Ingenieurwissenschaft und Biomedizintechnik

Diese Reihe umfasst Werke der Medizinischen Ingenieurwissenschaft und Biomedizintechnik, deren Themen strategisch unter den Zukunftstechnologien mit hohem Innovationspotenzial anzusiedeln sind. Als wesentliche Trends dieser Forschungsgebiete, sind die Schlüsselbereiche Computerisierung, Miniaturisierung und Molekularisierung zu nennen. Bei der Computerisierung sind dabei die inhaltlichen Schwerpunkte beispielsweise in der Bildgebung und Bildverarbeitung gegeben. Die Miniaturisierung spielt unter anderem bei intelligenten Implantaten, der minimalinvasiven Chirurgie aber auch bei der Entwicklung von neuen nanostrukturierten Materialien eine wichtige Rolle, und die Molekularisierung ist in der regenerativen Medizin aber auch im Rahmen der sogenannten molekularen Bildgebung ein entscheidender Aspekt. Forschungs- und Entwicklungspotenzial werden auch der Biophotonik und der minimal-invasiven Chirurgie unter Berücksichtigung der Robotik und Navigation zugeschrieben. Querschnittstechnologien wie die Mikrosystemtechnik, optische Technologien, Softwaresysteme und Wissenstechnologien sind dabei von hohem Interesse.

Steffen Bruns

Automatische Bestimmung der Entfaltungsparameter bei der x-Space-Rekonstruktion für FFL-MPI

Medizinische Ingenieurwissenschaft und Biomedizintechnik — Band 11
Herausgeber: Thorsten M. Buzug

Ein Imprint der Infinite Science GmbH,
MFC 1 | BioMedTec Wissenschaftscampus
Maria-Goeppert-Straße 1
23562 Lübeck

Cover Design, Illustration: Uli Schmidts, metonym
Copy Editing: University of Lübeck, Institute of Medical Engineering

Publisher: Infinite Science GmbH, Lübeck, www.infinite-science.de
Print: BoD, Norderstedt

ISBN Paperback:978-3-945954-12-6

Bibliografische Information der Deutschen Nationalbibliothek:
Die Deutsche Nationalbibliothek verzeichnet diese Publikation in der Deutschen Nationalbibliografie; detaillierte bibliografische Daten sind im Internet über http://dnb.d-nb.de abrufbar.

Bibliographic information published by the Deutsche Nationalbibliothek
The Deutsche Nationalbibliothek lists this publication in the Deutsche Nationalbibliografie; detailed bibliographic data are available in the internet at http://dnb.d-nb.de.

Kurzfassung

Magnetic Particle Imaging (MPI) ist ein neues bildgebendes Verfahren, welches sich durch hohe Sensitivität und räumliche Auflösung auszeichnet. Es ermöglicht quantitative Echtzeitbildgebung, ohne den Patienten ionisierender Strahlung oder toxischen Kontrastmitteln auszusetzen. Abgebildet wird bei MPI die räumliche Verteilung von injizierten, superparamagnetischen Eisenoxidnanopartikeln (SPIONs). Dazu wird deren nichtlineares Magnetisierungsverhalten ausgenutzt, welches beim Anlegen eines oszillierenden Magnetfeldes zu partikelspezifischen induzierten Spannungen in Empfangsspulen führt. Ein zusätzliches Gradientenfeld dient der Ortscodierung, indem alle Partikel außerhalb des so genannten feldfreien Punktes (FFP) in Sättigung gebracht werden und nicht zum Signal beitragen. Zur Erhöhung der Sensitivität kann der FFP zu einer feldfreien Linie (FFL) erweitert werden. Problematisch bei der Rekonstruktion ist das Relaxationsverhalten der SPIONs, welches die Form der Magnetisierungskurve und somit auch die Bildqualität beeinflusst. Bislang konnte eine Rekonstruktion, die diese Effekte berücksichtigt, bei einem Scanner mit einer FFL erst nach zeitaufwendiger Parameterfindung durchgeführt werden. In dieser Arbeit wird deshalb zum ersten Mal ein Verfahren vorgestellt, das die benötigten Parameter vollautomatisch aus den Spannungsdaten berechnet und damit ein Bild erzeugt. Zunächst werden das zugrundeliegende mathematische Modell und die physikalischen Zusammenhänge skizziert, bevor die Implementierung der Optimierungs- und Rekonstruktionssoftware vorgestellt wird. Die wichtigste Erkenntnis dieser Arbeit besteht darin, dass die Modellierung mit den automatisch gefundenen Parametern sehr gut mit den gemessenen Spannungskurven übereinstimmt und eine präzise und schnelle Bildrekonstruktion ermöglicht.

Abstract

Magnetic particle imaging (MPI) is a new imaging modality, which provides high sensitivity and high spatial resolution. It enables quantitative real-time imaging without using ionizing radiation or toxic contrast agents. MPI images the spatial distribution of injected superparamagnetic iron-oxide nanoparticles (SPIONs). Their non-linear magnetization curve plays a crucial role. By applying an oscillating magnetic field, one can observe an induced voltage in receive coils, which is specific for the particles' properties. Spatial encoding is obtained by additionally using a magnetic gradient field. Thus, all particles outside a small region with zero field strength, the so-called field-free point (FFP), are saturated. Only particles within this region contribute to the signal. To further improve sensitivity, one can use a field-free line (FFL). However, reconstruction can be challenging due to the SPIONs' relaxation behavior. It affects the shape of the magnetization curve and therefore also image quality. To date, a time-consuming determination of parameters is required, before an FFL-reconstruction is possible, which takes relaxation effects into account. Hence, in this work, a novel automatic determination process is presented. It calculates parameters needed for reconstruction directly from measured voltages before generating an image of the spatial SPION distribution. First, a mathematic model is given and physical basics are introduced. Furthermore, the implementation of the optimization and reconstruction software is explained in detail. The major achievements of this work are the great conformity of model and real data as well as the feasibility of a precise and fast image reconstruction.

Inhaltsverzeichnis

1 Einleitung

Magnetic Particle Imaging (MPI) ist eine neue, zuerst im Jahr 2005 von Gleich und Weizenecker [1] beschriebene Möglichkeit der medizinischen Bildgebung, die auf dem nichtlinearen Magnetisierungsverhalten von superparamagnetischen Eisenoxidnanopartikeln (SPIONs) basiert. In einem magnetischen Wechselfeld (Drive-Feld) kann diese Eigenschaft der Nanopartikel zur Signalcodierung ausgenutzt werden. Mit einem zusätzlichen, zeitlich konstanten Gradientenfeld (Selektionsfeld) wird eine Ortscodierung erreicht. Das Selektionsfeld bewirkt, dass sich alle Partikel außerhalb einer bestimmten Region, dem so genannten feldfreien Punkt (FFP), in Sättigung befinden. Indem das Drive-Feld moduliert wird, können der FFP über das Field of view (FOV) bewegt und dabei immer diese Region im FFP dem Wechselfeld ausgesetzt werden [2].

MPI zeichnet sich vor allem durch sein Potential bezüglich hoher räumlicher Auflösung und hoher Sensitivität aus [1]. Ein großer Vorteil gegenüber anderen bildgebenden Verfahren ist, gleichzeitig eine räumliche Auflösung im Submillimeterbereich und eine gute Sensitivität zu erreichen [2]. Die Positronen-Emissions-Tomografie (PET) bietet zwar auch eine hohe Sensitivität, hat jedoch mit etwa 4 mm eine geringe räumliche Auflösung. Dahingegen ist die Sensitivität bei der Computertomografie (CT) und der Magnetresonanztomografie (MRT) gering und dafür die räumliche Auflösung mit 0,5 mm bzw. 1 mm hoch. Mit Messzeiten von unter einer Sekunde bei MPI für ein dreidimensionales Volumen können MRT und PET und sogar CT unterboten werden. Außerdem kommt MPI im Gegensatz zu PET und CT ohne ionisierende Strahlung aus: Der Patient ist lediglich Magnetfeldern ausgesetzt und auch die SPIONs können dank ihrer Biokompatibilität bedenkenlos injiziert werden [3].

Die Kombination aller Vorteile ermöglicht es, hochauflösende 3D-Echtzeitbildgebung mit MPI zu realisieren. Unter Anwendung klinisch zugelassener SPION-Konzentrationen von höchstens 45 μmol L^{-1} kann das schlagende Herz einer lebenden Maus abgebildet werden [4]. Um die Sensitivität noch weiter zu erhöhen, wird außerdem das Konzept einer feldfreien Linie (FFL) erforscht, bei dem sich

die gesättigten SPIONs auf einer Linie befinden. Abhängig von der Partikelkonzentration benötigt ein FFP-Scanner eine etwa zehnmal höhere Konzentration als ein FFL-Scanner, um eine vergleichbare Auflösung zu erzielen [5].
Im Gegensatz zu allen anderen Scannern, bei denen das zu untersuchende Objekt innerhalb einer Röhre liegt, bietet ein so genannter Single-Sided-MPI-Scanner einen sehr guten Patientenzugang, da das Gerät nur von einer Seite angebracht werden muss [6]. Es wurde gezeigt, dass damit bereits eine Messtiefe von 30 mm möglich ist [7].
Neben dem ursprünglichen Rekonstruktionsverfahren mit einer Systemmatrix [3] existiert ein weiteres, bei dem MPI als ein Messvorgang im Ortsraum aufgefasst wird: Diese Methode heißt x-Space-MPI [8]. Weitere Rekonstruktions- oder Messverfahren sind das Projektionsrekonstruktionsverfahren, welches ähnlich dem in der Computertomografie etablierten ist [9], Narrowband-MPI [10] und Traveling-Wave-MPI [11]. Über den Bildgebungsprozess, Scannertopologien und Rekonstruktionsalgorithmen hinaus werden zur Verbesserung von MPI außerdem die SPIONs und deren Eigenschaften untersucht. Die Auswirkung von Beschaffenheit der Lösung, Größe und Größenverteilung der Partikel auf die Auflösung von MPI spielen dabei eine wichtige Rolle [12, 13]. Zudem können Relaxationsprozesse der Nanopartikel ihre Magnetisierungsänderung beeinflussen, was bei der Bilderzeugung in Betracht gezogen werden muss [14].
In dieser Arbeit wird der Rekonstruktionsprozess für einen MPI-Scanner mit elektrisch rotierter FFL optimiert und automatisiert. Bisher konnten die Auswirkungen von Nanopartikelrelaxationen auf die Bildqualität zwar nachgewiesen [14] und in der Bildrekonstruktion berücksichtigt werden [15], letzteres jedoch nur durch empirisches Testen und eine Bewertung des subjektiven Bildeindrucks. Deshalb wird hier ein Algorithmus eingeführt, der aus den empfangenen Spannungssignalen und unter bestimmten Modellannahmen wichtige Rekonstruktionsparameter findet, sodass die Bilderzeugung automatisch abläuft. Das hat zum einen den Vorteil, dass die Subjektivität und Ungenauigkeit während der Rekonstruktion durch quantitativ beschreibbare mathematische Modelle ersetzt wird. Zum anderen bietet es die Möglichkeit, die Eigenschaften der benutzten Partikel in einer Kalibrationsmessung zu berechnen und für spätere Messungen sehr viel kürzere Messzeiten zu erreichen.

2 Grundlagen

Die für MPI benutzten SPIONs haben einen Aufbau und Eigenschaften, die sie zu geeigneten Tracern machen. Ihr außergewöhnliches Verhalten in Magnetfeldern, welches sich mathematisch mit Hilfe der Langevin-Theorie modellieren lässt, stellt die Grundlage für die Funktionsweise von MPI dar [3]. Ein weiteres wichtiges mathematisches Werkzeug im Verlauf des Rekonstruktionsprozesses ist die Entfaltung, da Relaxationsprozesse sowie Messvorgänge physikalisch als Faltung gesehen werden können [15].

2.1 Superparamagnetische Eisenoxidnanopartikel

Grundlage zum Verständnis der magnetischen Eigenschaften der SPIONs ist ihr chemischer Aufbau. Strukturen und Vorgänge auf Teilchenebene sind dafür verantwortlich, dass sie ein MPI-Signal liefern [16]. Ihr magnetisches Verhalten kann näherungsweise durch die Langevinfunktion erklärt werden, jedoch sind zusätzlich Relaxationsprozesse der Partikel zu betrachten [14].

2.1.1 Chemischer Aufbau

SPIONs bestehen aus einem Kern aus Eisenoxid und einer nichtmagnetischen Hülle. Dabei ist der Kern meist aus Magnetit (Fe_3O_4) oder Maghemit (Fe_2O_3). Er ist für die magnetischen Eigenschaften verantwortlich und ist zum Beispiel von Dextran oder Carboxydextran eingehüllt. Diese Hülle sorgt dafür, dass die Partikel nicht agglomerieren [17]. Der Durchmesser des Eisenoxidkerns wird als Kerndurchmesser D bezeichnet, der Durchmesser von Kern und Hülle zusammen als hydrodynamischer Durchmesser D_{H} (siehe Abb. 2.1). Mit d_{H} als Dicke der Hülle lassen sich der für die MPI-Bildgebung entscheidende Kerndurchmesser und der über physiologische Eigenschaften bestimmende hydrodynamische Durchmesser

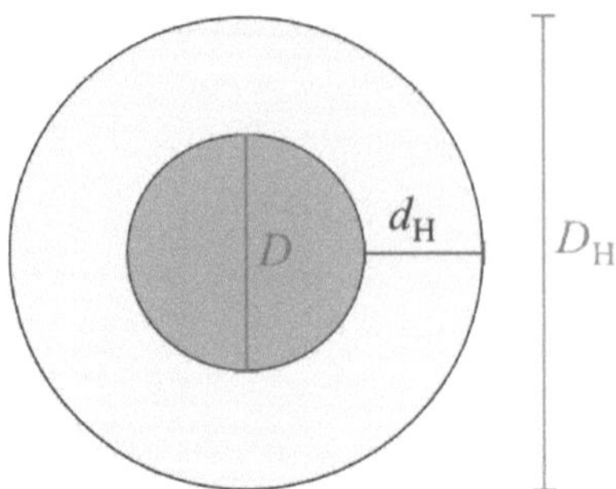

Abbildung 2.1: Struktur eines superparamagnetischen Eisenoxidnanopartikels. Innen der magnetische Kern aus Eisenoxid mit Kerndurchmesser D, außen die Hülle aus Dextran mit der Hüllendicke d_{H}. Der gesamte Durchmesser wird hydrodynamischer Durchmesser D_{H} genannt.

mit

$$D_{\mathrm{H}} = D + 2d_{\mathrm{H}} \tag{2.1}$$

ineinander umrechnen [17]. Üblicherweise kommen bei MPI SPIONs mit Kerndurchmessern zwischen 1 nm und 30 nm sowie hydrodynamischen Durchmessern von 40 nm bis 400 nm zum Einsatz [18].
Da Dextrane Kohlenhydratverbindungen sind, sind sie biokompatibel und können als Tracer im menschlichen Körper eingesetzt werden [17]. Sie werden bereits seit mehreren Jahren in der Magnetresonanztomografie als Kontrastmittel verwendet. Dabei können sie zur Markierung von Zellen oder zum Zelltracking genutzt werden [19].

2.1.2 Magnetisierungseigenschaften

Entscheidend für die Eignung der SPIONs als Tracer für MPI ist die Veränderung der Magnetisierung, wenn ein äußeres Magnetfeld angelegt wird [1]. Die Magnetisierung $\mathbf{M}$ eines Stoffes entspricht der Summe der einzelnen magnetischen Dipolmomente $\mathbf{m}$ geteilt durch das betrachtete Volumen V:

$$\mathbf{M} = \frac{1}{V} \sum_{V} \mathbf{m}. \tag{2.2}$$

Solange die magnetische Feldstärke $\mathbf{H}$ ausreichend klein ist, ist die Magnetisierung proportional zu ihr mit dem Proportionalitätsfaktor χ. Es gilt

$$\mathbf{M} = \chi \cdot \mathbf{H}, \tag{2.3}$$

wobei χ magnetische Suszeptibilität genannt wird. Anschaulich ausgedrückt ist sie ein Maß für die Magnetisierbarkeit eines Stoffes. Über diesen Wert lässt sich eine Einteilung in dia-, para- und ferromagnetische Stoffe vornehmen (siehe Abb. 2.2) [20].

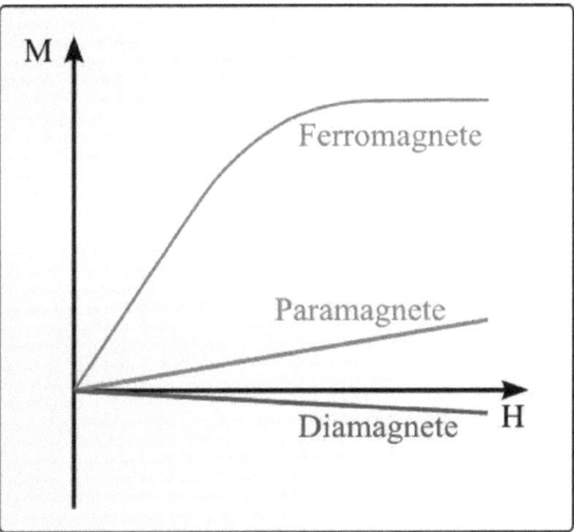

Abbildung 2.2: Magnetisierungskurven von diamagnetischen, paramagnetischen und ferromagnetischen Stoffen über der angelegten magnetischen Feldstärke.

Diamagnetismus

Diamagnetische Stoffe besitzen eine negative magnetische Suszeptibilität χ, die typischerweise bei etwa -10^{-5} liegt [21]. Die Atome bzw. Moleküle des Stoffes haben kein permanentes magnetisches Dipolmoment. Das führt dazu, dass diamagnetische Stoffe in einem äußeren Magnetfeld diesem Feld gemäß der Lenz'schen Regel entgegengesetzte induzierte Dipole ausbilden; die Magnetisierung sinkt mit steigender Feldstärke. Dadurch ist das Feld im Inneren des diamagnetischen Stoffes vom Betrag her kleiner als das äußere Feld [20].

Paramagnetismus

Im Gegensatz zu Diamagneten besitzen paramagnetische Stoffe zufällig ausgerichtete permanente magnetische Dipole. Wird ein äußeres Magnetfeld angelegt, so richten sich die Dipole teilweise aus. Dabei sind die Atome jedoch so weit voneinander entfernt, dass sie kaum miteinander in Wechselwirkung treten, die Magnetisierung steigt mit größer werdender Feldstärke leicht an [20]. Magnetische Suszeptibilitäten von Paramagneten liegen üblicherweise im Bereich von $10^{-5} \leq \chi \leq 10^{-2}$ [21].

Ferromagnetismus

Ferromagnetische Stoffe verfügen über permanente magnetische Dipole, die sich beim Anlegen eines äußeren Magnetfeldes nahezu parallel ausrichten, typische Werte für die magnetische Suszeptibilität liegen bei 10^2 bis 10^5. Dabei steigt die Magnetisierung zunächst proportional zur magnetischen Feldstärke, bevor sie in Sättigung übergeht (siehe Abb. 2.3). Asymptotisch nähert sich die Magnetisierung

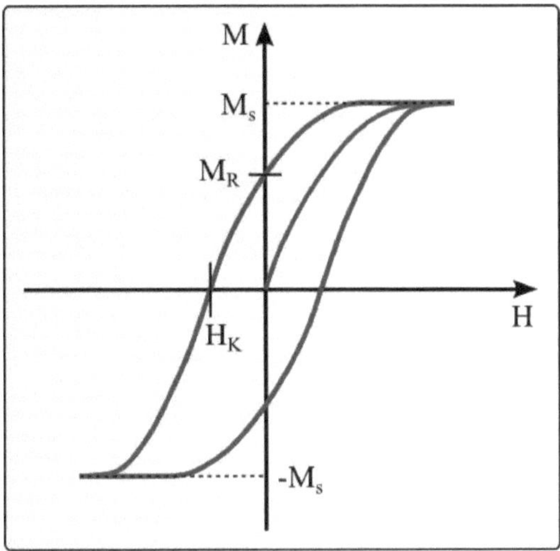

Abbildung 2.3: Hysteresekurve eines ferromagnetischen Stoffes. Die Magnetisierung des Stoffes ist über der magnetischen Feldstärke aufgetragen. M_s bezeichnet die Sättigungsmagnetisierung, M_R die Remanenz und H_K die Koerzitivkraft.

einer Sättigungsmagnetisierung M_s an. Senkt man die Feldstärke im nächsten Schritt, baut sich die Magnetisierung langsam wieder ab, beim Nulldurchgang der Feldstärke bleibt jedoch eine Restmagnetisierung, die so genannte Remanenz M_R, bestehen. Um die Remanenz aufzuheben, wird eine negative Feldstärke (Koerzitivkraft H_K) benötigt, danach geht die Magnetisierung mit steigender negativer Feldstärke in negative Sättigung über. Wird das Feld abermals erhöht, beschreibt die Magnetisierungskurve einen wieder neuen Verlauf, bis sie positive Sättigung erreicht. Eine solche Kurve wird Hysteresekurve genannt.

Bei genauerer Betrachtung lässt sich feststellen, dass die Magnetisierung bei Ferromagneten nicht kontinuierlich mit steigender Feldstärke steigt, sondern leichte Sprünge — die so genannten Barkhausen-Sprünge — aufweist. Ursache dafür ist die räumliche Unterteilung des Ferromagneten ist einzelne Bereiche, in denen alle darin befindlichen magnetischen Dipole aufgrund ihrer Wechselwirkung zueinander nur gleichzeitig umklappen bzw. sich ausrichten können. Diese Bereiche nennt man Weiß'sche Bezirke. Aufgrund ihrer unterschiedlichen Struktur und Umgebung richten sich die Dipole verschiedener Weiß'scher Bezirke nicht alle bei der gleichen Feldstärke aus [20].

Superparamagnetismus

Werden diese zuvor beschriebenen Weiß'schen Bezirke zu Einzeldomänen und sind räumlich voneinander getrennt — wie z.B. bei SPIONs durch Dextranhüllen —, reagieren die magnetischen Momente verschiedener Partikel unabhängig voneinander [22]. Das hat zur Folge, dass das Verhalten der Partikel dem einer Menge vieler einzelner paramagnetischer Atome gleicht. Dieses Phänomen nennt man Superparamagnetismus; die Magnetisierung der Teilchen bei einem angelegten äußeren Magnetfeld weist keine Hysterese auf [23]. Der Grund dafür ist, dass es ab einer bestimmten Größe für die Partikel energetisch ungünstig ist, mehrdomänig zu sein — also aus Domänen unterschiedlicher Magnetisierung zu bestehen. Während man einfach argumentieren kann, dass ein Partikel auf jeden Fall nur aus einer Domäne besteht, wenn es kleiner ist als die Domänenwandbreite, ist die Beschreibung des eindomänigen Radius R_{ED} von C. Kittel am gebräuchlichsten:

$$R_{\mathrm{ED}} = 18\frac{\gamma_{\mathrm{w}}}{\mu_0 M_{\mathrm{s}}^2}, \tag{2.4}$$

wobei γ_{w} die Domänenwandenergie, die mit Hilfe der Anisotropie- und Austauschenergie berechnet werden kann, M_{s} die Sättigungsmagnetisierung und μ_0 die Vakuumpermeabilität beschreibt [24].

2.1.3 Langevintheorie des Superparamagnetismus

Wie zuvor beschrieben, besitzen SPIONs weder eine lineare Magnetisierungskurve wie paramagnetische Stoffe noch eine für Ferromagneten typische Hysteresekurve [25]. Geht man vereinfacht von isotropen Eindomänenpartikeln aus und setzt voraus, dass diese Partikel im thermischen Gleichgewicht vorliegen, stellt die Langevinfunktion $\mathcal{L}$ einen Zusammenhang zwischen der Magnetisierung der Partikel und der angelegten magnetischen Feldstärke her [22]. Die Magnetisierung

$$\mathbf{M}(t) = m_{\mathrm{s}}c \cdot \mathcal{L}(\xi) = m_{\mathrm{s}}c\left(coth(\xi) - \frac{1}{\xi}\right) \tag{2.5}$$

ist abhängig von der Partikelkonzentration c, dem magnetischen Moment in Sättigung $m_{\mathrm{s}} = \frac{1}{6}\pi D^3 M_{\mathrm{s}}$, wobei D den Partikeldurchmesser und M_{s} die Sättigungsmagnetisierung beschreibt, sowie vom Parameter ξ mit

$$\xi = \frac{m_{\mathrm{s}}\mu_0 \mathbf{H}(t)}{k_{\mathrm{B}}T}. \tag{2.6}$$

$\mathbf{H}(t)$ steht dabei für die magnetische Feldstärke des äußeren Feldes, k_B für die Boltzmannkonstante und T für die absolute Temperatur [3].

2.1.4 Relaxation

Die Anwendung der Langevinfunktion geschieht unter der Annahme, dass die Magnetisierung der Nanopartikel dem äußeren magnetischen Feld sofort folgt und ihm zu jedem Zeitpunkt gleichgerichtet ist. Ändert sich das Feld, so wirkt ein Drehmoment auf die Dipolmomente der SPIONs, sie richten sich aus. Gleichzeitig spielen jedoch noch andere Phänomene wie Anisotropie und Viskositätswiderstände eine Rolle. Auch diese verursachen Drehmomente, die den durch das magnetische Feld ausgelösten Drehmomenten entgegenwirken können. Daraus resultiert ein Effekt, der Relaxation genannt wird: Die Magnetisierung folgt nicht sofort dem angelegten Magnetfeld, sondern weist eine Verzögerung auf. Unterschieden wird dabei meist zwischen Brown'scher und Neel'scher Relaxation. Von Interesse ist dieses Phänomen für MPI, da angenommen wird, dass Relaxationsprozesse die Partikelantwort auf Magnetfelder verzögern und so Artefakte im Bild und eine Verringerung des Signal-zu-Rausch-Verhältnisses (SNR) zur Folge haben können [14].

Brown'sche Relaxation

In einer Menge superparamagnetischer Nanopartikel, die alle eine Magnetisierung $\mathbf{M}$ aufweisen, wird die freie Enthalpie pro Volumen eines Partikels als $E_G(\theta, \phi)$ und das Volumen eines Partikels mit V bezeichnet. Die Winkelkoordinaten θ und ϕ definieren dabei die Orientierung der Magnetisierung. Wenn nun

$$\max(E_G(\theta, \phi)V) - \min(E_G(\theta, \phi)V) \ll k_B T \tag{2.7}$$

ist, bewirken Wärmebewegungen zufällige Drehungen der Nanopartikel, die damit auch eine Drehung des jeweiligen magnetischen Momentes verursachen [23]. In Ferrofluiden, wie eine Suspension aus Eindomänenpartikeln auch genannt wird, können sich die Partikel selbst so innerhalb der Flüssigkeit drehen. Die zeitliche Verzögerung der Magnetisierungsänderung, die diesem Effekt geschuldet ist, ist als Brown'sche Relaxation bekannt. Die zugehörige Brown'sche Relaxationszeit

$$\tau_B = \frac{3V_H\eta}{k_B T} \tag{2.8}$$

ist proportional zur Viskosität der Suspension η und zum hydrodynamischen Volumen V_H [26].
Mathematisch beschrieben werden können diese Zusammenhänge unter Berücksichtigung einiger Annahmen mit Hilfe der Langevin-Gleichung und der Fokker-Planck-Gleichung, die am Ende auf eine partielle Differentialgleichung führt [23].

Néel'sche Relaxation

Es ist jedoch nicht nur möglich, dass sich die Orientierung der Magnetisierung eines Partikels mit der Drehung des Partikels selbst ändert, sondern auch, dass sich das magnetische Moment innerhalb des Partikels ändert [27]. Dies kann sogar ohne äußeres Magnetfeld geschehen, wenn eine bestimmte Energieschranke, die die Differenz zwischen Ausrichtungen entgegengesetzter Magnetisierung beschreibt, überwunden wird. Dabei ist die Übergangswahrscheinlichkeit proportional zu $\exp(-KV\, k_{\mathrm{B}}^{-1}\, T^{-1})$ mit der Anisotropiekonstante K. Diese Art der Relaxation wird Néel'sche Relaxation genannt [26]. Explizit berechnen lässt sich die Néel'sche Relaxationszeit τ_{N} über

$$\tau_{\mathrm{N}} = \frac{\sqrt{\pi}}{2}\tau_0 \frac{e^{\Gamma}}{\sqrt{\Gamma}}, \tag{2.9}$$

wobei $\Gamma = KV_{\mathrm{M}}\, k_{\mathrm{B}}^{-1}\, T^{-1}$ mit V_{M} als magnetisches oder Kernvolumen und $\tau_0 = (\alpha\gamma_{\mathrm{r}} H_{\mathrm{eff}})^{-1}$ mit α als Dämpfungsparameter, γ_{r} als gyromagnetisches Verhältnis und H_{eff} als effektive Feldstärke gilt [26, 27].

Zusammenwirken aller Prozesse

Während sich bei der Brown'schen Relaxation ein ganzes Teilchen im Ferrofluid dreht, beschreibt die Néel'sche Relaxation die Drehung des magnetischen Momentes innerhalb des Teilchens. Für das Gesamtverhalten des Ferrofluids hat derjenige Vorgang den höheren Einfluss, welcher die kürzere Relaxationszeit aufweist [26]. Dies spiegelt sich auch in der Formel zur Berechnung der effektiven Relaxationszeit τ

$$\frac{1}{\tau} = \frac{1}{\tau_{\mathrm{B}}} + \frac{1}{\tau_{\mathrm{N}}} \tag{2.10}$$

wider [27]. Von untergeordneter Bedeutung sind wegen der Hüllendicke außerdem noch Prozesse wie beispielsweise Dipol-Dipol-Interaktionen zwischen unterschiedlichen Partikeln [26].

2.2 Magnetic Particle Imaging

Die SPIONs im Magnetic Particle Imaging generieren beim Anlegen eines magnetischen Wechselfeldes ein induziertes Spannungssignal in Empfangsspulen, welches einen Aufschluss über die Konzentrationsverteilung der Partikel gibt [3]. Bei der Magnetpartikelspektroskopie ist eine Größenverteilung der SPIONs das Ergebnis [17]. Mit zusätzlicher Ortscodierung kann man eine quantitative Aussage über die Konzentrationsverteilung der SPIONs im betrachteten Volumen machen [1]. Bei der Rekonstruktion der Bilder aus den induzierten Spannungen kommen zwei unterschiedliche Methoden zum Einsatz: Zum einen die Rekonstruktion mit einer Systemmatrix [3] und zum anderen x-Space-MPI [8]. Zur Verbesserung der Sensitivität wird außerdem das Konzept der feldfreien Linie (FFL) erforscht [5, 15, 28, 29, 30].

2.2.1 Signalcodierung

Wie bereits zuvor beschrieben, kann der Verlauf der Magnetisierung der SPIONs über der magnetischen Feldstärke des äußeren Feldes näherungsweise mit Hilfe der Langevinfunktion (Gl. 2.5) beschrieben werden. Entscheidend für die Eignung dieser Partikel für MPI ist die Nichtlinearität ihrer Magnetisierungskurve sowie das Erreichen einer Sättigungsmagnetisierung (siehe Abb. 2.4 oben links) [1]. Zur

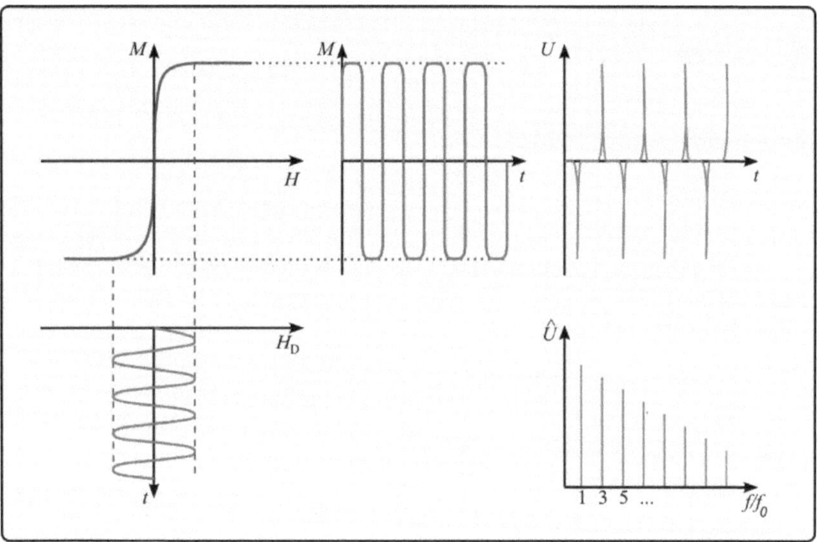

Abbildung 2.4: Signalcodierung in MPI. Wird die nichtlineare Magnetisierungskurve (links oben) mit einem sinusförmigen magnetischen Wechselfeld (links unten) angeregt, ergibt sich ein rechteckförmig verzerrter Verlauf der Magnetisierung über der Zeit (Mitte). Die zeitliche Änderung der Magnetisierung induziert eine Spannung (oben rechts), welche wiederum fouriertransformiert werden kann (unten rechts) und Harmonische der Grundfrequenz f_0 aufweist. [*Nach [1]*]

Signalcodierung werden die SPIONs einem sich zeitlich ändernden, sinusförmigen Magnetfeld

$$H_D(t) = A \sin(2\pi f_0 t) \tag{2.11}$$

ausgesetzt. A bezeichnet dabei die Amplitude der Feldstärke, f_0 die Anregungsfrequenz. Man nennt dieses Feld zur Anregung der SPIONs Drive-Feld (siehe Abb. 2.4 unten links). Das Drive-Feld regt die SPIONs sinusförmig an, die Antwort der Partikel ist eine zeitabhängige Magnetisierung (siehe Abb. 2.4 Mitte). Aufgrund der Nichtlinearität der Langevinfunktion ist die Magnetisierungskurve zwar periodisch, aber nicht rein sinusförmig, sondern rechteckig verzerrt, ähnlich einer abgerundeten rect-Funktion. Gemäß dem Induktionsgesetz induziert eine zeitliche Änderung der Magnetisierung eine Spannung $U(t)$ (siehe Abb. 2.4 oben rechts), die direkt proportional ist zu $-\mathrm{d}M/\mathrm{d}t$. Nach Fourier-Transformation ist erkennbar, dass zusätzlich zur Grundfrequenz in diesem Partikelsignal Vielfache von f_0, so genannte Harmonische, vorhanden sind (siehe Abb. 2.4 unten rechts). Jedoch wird das beschriebene Signal in der Empfangsspule durch den Einfluss des Drive-Feldes überlagert. Um nur das Partikelsignal zu erhalten, nutzt man die Tatsache, dass das Spektrum des Drive-Feldes keine Harmonischen enthält. Nach Anwendung eines Bandstoppfilters bleiben nur noch die Vielfachen der Grundfrequenz übrig. Daraus lässt sich auf eine Partikelkonzentration schließen [17].

2.2.2 Ortscodierung

Um eine Konzentrationsverteilung der SPIONs zu erhalten, wird zusätzlich zur beschriebenen Signalcodierung eine Ortscodierung benötigt [25].

Erzeugung des feldfreien Punktes

Dazu werden Spulenpaare in Maxwell-Konfiguration eingesetzt. Zwei gegenüberliegende, baugleiche Spulen mit entgegengesetzten Stromrichtungen erzeugen ein Magnetfeld, das genau in der Mitte zwischen den beiden Spulen eine Feldstärke von Null aufweist: Eine kleine, etwa kugelförmige Region bleibt nahezu feldfrei. Diese Region wird FFP genannt. Genau in diesem Bereich können Partikel, die sich dort möglicherweise befinden, durch das sinusförmige Drive-Feld angeregt werden und Harmonische erzeugen. Das durch die Maxwell-Spulen überlagerte Gradienten- oder Selektionsfeld bewirkt, dass sich die Magnetisierungen aller SPIONs, die außerhalb des FFP liegen, entweder in positiver oder in negativer Sättigung befinden. Auch diese SPIONs werden dem Drive-Feld ausgesetzt (siehe Abb. 2.5), verbleiben aber in Sättigung. Von ihnen werden keine oder nur sehr geringe Spannungen induziert, weshalb auch die Amplituden der Oberwellen sehr klein sind. Daraus lässt sich schlussfolgern, dass das ganze Signal in Form der Harmonischen von Partikeln kommt, die sich direkt im oder in der Nähe des FFP befinden. Denn nur dort bewirkt der Einfluss des Drive-Feldes eine bedeutende Änderung der Magnetisierung [25].

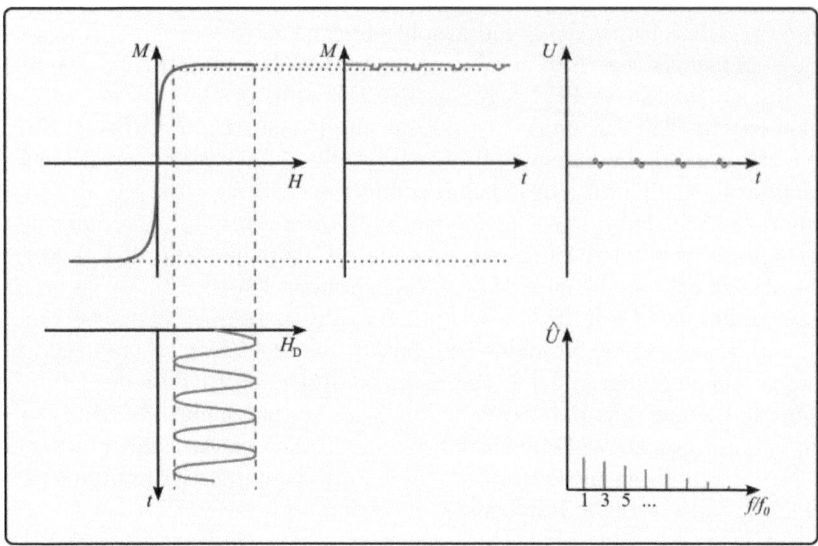

Abbildung 2.5: Ortscodierung in MPI. In Sättigung befindliche Partikel werden mit dem Drive-Feld (unten links) angeregt, es kommt jedoch nur zu geringen Magnetisierungsänderungen (Mitte), wodurch auch die induzierte Spannung (oben rechts) und damit die Harmonischen (unten rechts) sehr geringe Amplituden aufweisen. [*Nach [1]*]

Bewegung des feldfreien Punktes

Da nicht nur eine einzige kleine Region untersucht werden soll, müssen sich FFP und Probe (bzw. Patient) relativ zueinander bewegen. Dazu kann einerseits die Probe bewegt werden, sodass sich immer ein anderer kleiner Bereich mit dem FFP deckt. Andererseits kann aber auch der MPI-Scanner über die Probe gefahren werden. Bei beiden Varianten ist jedoch die Geschwindigkeit von mechanischen Limitierungen begrenzt. Durch geschickte Wahl der Ströme in den Drive-Feld-Spulen kann der FFP mit Hilfe des Magnetfeldes über die Probe bewegt werden, dies verspricht eine kürzere Aufnahmezeit [25].

Rekonstruktion im Frequenzraum

Um von den in den Empfangsspulen detektierten Spannungen und in den Frequenzraum transformierten Signalen auf die räumliche Verteilung der SPIONs schließen zu können, wird die so genannte Systemmatrix $\hat{\mathbf{S}}$ genutzt. Zur Rekonstruktion muss das lineare Gleichungssystem

$$\hat{\mathbf{S}}c = \hat{\mathbf{U}} \tag{2.12}$$

nach der Konzentration c aufgelöst werden. Dabei beschreibt $\hat{\mathbf{U}}$ die fouriertransformierte Spannung. Goldstandard zum Erhalten der Systemmatrix ist die Messung einer Deltaprobe [3]. Dazu wird eine Punktprobe mit bekannter Konzentration nacheinander an jede Position im FOV eingebracht und das jeweilige Signal gemessen und gespeichert. Nach der Messung des echten Objektes mit unbekannter Konzentrationsverteilung muss das Signal einer Linearkombination der einzelnen Testsignale der Punktprobe entsprechen. Die berechneten Koeffizienten geben dann die gesuchte örtliche Konzentrationsverteilung [25]. Wegen des hohen Zeitaufwands dieses Messverfahrens werden auch Simulationen der Systemmatrix unter Berücksichtigung von Scannergeometrie, Messsequenz und Partikelmodell erforscht [3]. In jedem Fall aber muss Gl. 2.12 gelöst werden. Da die Daten verrauscht sind, kann die Systemmatrix meist nicht einfach invertiert werden. Es muss zusätzlich a-priori-Wissen eingesetzt werden, wie beispielsweise eine Obergrenze für die Konzentration oder die Vorgabe, dass die Konzentration nicht negativ sein darf [25].

2.2.3 x-Space

Bei der Rekonstruktion mit einer Systemmatrix besteht immer das Problem, dass die Voraussetzungen bei der Kalibration und der eigentlichen Messung nie exakt gleich sind. Beispielsweise kann es sein, dass die SPIONs bei der Aufnahme der Systemmatrix in Wasser gelöst sind, bei der Patientenbildgebung dann aber als Bolus in Blut. Viskositätsunterschiede zwischen Wasser und Blut könnten so zu Artefakten im Bild führen [31]. Die zweite anerkannte Technik ist das so genannte x-Space-MPI, welches MPI als einen Messvorgang im Ortsraum auffasst und eine Rekonstruktion in Echtzeit verspricht [8].

Adiabatisches Modell

Zur Anwendung von x-Space-MPI müssen drei grundlegende Annahmen vorausgesetzt werden:

1. Die SPIONs richten sich sofort mit dem angelegten Magnetfeld aus und weisen keine Relaxation auf,
2. die Position des FFP ist eineindeutig,
3. die Informationen, die durch Herausfiltern der Grundfrequenz f_0 verlorengehen, können verlustfrei wiederhergestellt werden [32].

Im eindimensionalen Fall mit einem linearen, ortsabhängigen, aber zeitlich konstanten Gradientenfeld $G(x)$ und einem zeitlich veränderlichen Feld $H_{\mathrm{D}}(t)$ kann man die magnetische Feldstärke am Ort x durch

$$H(x,t) = H_{\mathrm{D}}(t) - Gx \tag{2.13}$$

berechnen. An der Position $x_\mathrm{s}(t)$ des feldfreien Punktes muss die magnetische Feldstärke Null sein, die Position lässt sich daher schreiben als

$$x_\mathrm{s}(t) = \frac{H_\mathrm{D}(t)}{G}. \tag{2.14}$$

Mit diesem Ausdruck lässt sich Gl. 2.13 umformen zu

$$H(x,t) = G(x_\mathrm{s}(t) - x). \tag{2.15}$$

Unter Beachtung der Voraussetzung 1 kann die Magnetisierung der SPIONs in Abhängigkeit von der magnetischen Feldstärke durch die Langevinfunktion (Gl. 2.5) beschrieben werden. Geht man nun davon aus, dass nur entlang der x-Achse SPIONs verteilt sind, kann deren Konzentrationsverteilung mit $c(x,y,z) = c(x)\delta(y)\delta(z)$ beschrieben werden. Die Magnetisierung am Ort x zum Zeitpunkt t ergibt sich zu

$$M_\mathrm{adiab}(x,t) = m\, c(x)\delta(y)\delta(z) \cdot \mathcal{L}\left(\frac{m\mu_0}{k_\mathrm{B}T} G(x_\mathrm{s}(t) - x)\right). \tag{2.16}$$

Daraus erhält man durch Integration einen magnetischen Fluss

$$\begin{aligned} \Phi_\mathrm{adiab}(t) &= -m \iiint c(u)\delta(v)\delta(w) \cdot \mathcal{L}\left(\frac{m\mu_0}{k_\mathrm{B}T} G(x_\mathrm{s}(t) - u)\right) \mathrm{d}u\mathrm{d}v\mathrm{d}w \\ &= -m\, c(x) * \mathcal{L}\left(\frac{m\mu_0}{k_\mathrm{B}T} Gx\right)\bigg|_{x=x_\mathrm{s}(t)}, \end{aligned} \tag{2.17}$$

der auch als Faltung des Produktes $-mc(x)$ mit der Langevinfunktion aufgefasst werden kann. Die zeitliche Änderung einer Magnetisierung bzw. eines magnetischen Flusses induziert eine Spannung in der Empfangsspule, die auch abhängig ist von der Spulensensitivität p. Für das Spannungssignal gilt

$$U_\mathrm{adiab}(t) = p\frac{\mathrm{d}\Phi}{\mathrm{d}t} = p \cdot m \cdot \frac{m\mu_0}{k_\mathrm{B}T} G\dot{x}_\mathrm{s}(t) \cdot c(x) * \dot{\mathcal{L}}\left(\frac{m\mu_0}{k_\mathrm{B}T} Gx\right)_{x=x_\mathrm{s}(t)}. \tag{2.18}$$

Im adiabatischen Fall kann der Bildgebungsprozess bei MPI also im Wesentlichen als Faltung der Konzentrationsverteilung der SPIONs mit der zeitlichen Ableitung der Langevinfunktion gesehen werden [8]. Dieses eindimensionale Modell konnte auf den 2D- bzw. 3D-Fall ausgeweitet werden, indem die drei grundlegenden Annahmen überprüft wurden. Zusätzlich wurde gezeigt, dass die Gradientenmatrix **G** für realistische Werte immer invertierbar ist [33] und dass sowohl im eindimensionalen als auch im mehrdimensionalen Fall MPI ein lineares, translationsinvariantes System ist [31].

Modell mit Relaxation

Da Relaxationsprozesse in Ferrofluiden eine Verzögerung der Magnetisierungsänderung hervorrufen können, kann die für x-Space-MPI getroffene Annahme 1 nur als Vereinfachung des Modells gesehen werden. Daher soll hier ein Konzept vorgestellt werden, das auch die Relaxationseffekte berücksichtigt [14]. Vereinfacht wird angenommen, dass alle Partikel die gleiche Relaxationszeit τ aufweisen. Aufgrund der Größenverteilung von Partikeln in Ferrofluiden entspricht dies zwar nicht der Realitität, doch diese Annahme vereinfacht die Modellierung und liefert Ergebnisse mit annehmbaren Abweichungen von echten Messdaten [15]. Als Modell dient üblicherweise ein Debye-Prozess erster Ordnung. Die Lösung der Differentialgleichung

$$\frac{\mathrm{d}M(x,t)}{\mathrm{d}t} = -\frac{M(x,t) - M_{\mathrm{adiab}}(x,t)}{\tau}, \tag{2.19}$$

in der $M_{\mathrm{adiab}}(x,t)$ die adiabatische und $M(x,t)$ die nichtadiabatische Magnetisierung sowie τ die Relaxationskonstante beschreibt, ist gegeben durch die Faltung [14]

$$M(x,t) = M_{\mathrm{adiab}}(x,t) * \frac{1}{\tau} e^{-\frac{t}{\tau}}\, h(t). \tag{2.20}$$

Die Relaxationskonstante muss positiv sein und $h(t)$ bezeichnet die Heaviside-Funktion. Erweitert man Gl. 2.16 um den Term $r(t) = \tau^{-1}\, \exp(-t/\tau)\, h(t)$, so erhält man einen Ausdruck für die Magnetisierung unter Berücksichtigung von Relaxationseffekten. Genau wie im adiabatischen Fall gelangt man durch Integration zu einem magnetischen Fluss. Dieser wiederum kann durch Differentiation in ein Spannungssignal umgerechnet werden. Unter Verwendung der Regel

$$\frac{\mathrm{d}(f * g)}{\mathrm{d}t} = \frac{\mathrm{d}f}{\mathrm{d}t} * g = f * \frac{\mathrm{d}g}{\mathrm{d}t} \tag{2.21}$$

lässt sich finden, dass auch das Spannungssignal genau der Faltung des adiabatischen Spannungssignals mit $r(t)$ entspricht. Als induzierte Spannung ergibt sich analog zu Gl. 2.18

$$U(t) = p \cdot m \cdot \frac{m\mu_0}{k_{\mathrm{B}}T} G\dot{x}_{\mathrm{s}}(t) \cdot \left[c(x) * \dot{\mathcal{L}}\left(\frac{m\mu_0}{k_{\mathrm{B}}T} Gx\right)_{x=x_{\mathrm{s}}(t)} \right] * r(t). \tag{2.22}$$

Es gilt zu beachten, dass die Faltung mit der Ableitung der Langevinfunktion eine räumliche und die mit $r(t)$ eine zeitliche Faltung darstellt [14].

2.2.4 Feldfreie Linie

Ein grundlegendes Problem bei FFP-MPI ist die Tatsache, dass sich Sensitivität und räumliche Auflösung nicht gleichzeitig beliebig verbessern lassen. Während die räumliche Auflösung durch ein stärkeres Gradientenfeld verbessert wird, verschlechtert sich die Sensitivität, da die Anzahl signalgebender Partikel sinkt. Indem man statt eines feldfreien Punktes ein Linie feldfrei belässt, können mehr SPIONs zu einer Zeit zum Signal beitragen, ohne die Auflösung zu verringern [30].

Simulationsstudien und theoretische Spulentopologien

Zuerst beschrieben wurde das Konzept der FFL 2008 in einer Simulationsstudie von Weizenecker, Gleich und Borgert [5]. Sie simulierten einen Aufbau mit 32 Spulen zur Erzeugung des Selektionsfeldes. Je nach Konzentration der SPIONs könne eine Sensitivitätsverbesserung gegenüber einem vergleichbaren Aufbau mit FFP etwa um den Faktor 10 erreicht werden. Bei sinkender Konzentration werde dieser Faktor jedoch kleiner.
Ein solcher Scanner ist aufgrund der vielen Spulen jedoch schwierig zu realisieren. Verglichen mit einem gleichgroßen FFP-Scanner mit gleichem Gradienten benötigte der FFL-Scanner etwa das Tausendfache an elektrischer Leistung. Es konnte jedoch gezeigt werden, dass eine feldfreie Linie bereits mit drei Spulenpaaren in Maxwellkonfiguration generiert werden kann. Dazu werden drei oder mehr Spulenpaare gleichmäßig auf einem Kreis verteilt, sodass der Winkel zwischen zwei benachbarten Spulen immer gleich ist. Da in zwei Raumrichtungen die Spulenpaare für Generierung und Translation der FFL kombiniert werden können, indem man einfach die benötigten Ströme addiert, kann mit nur einem zusätzlichen Helmholtz-Spulenpaar die Verschiebung der FFL in alle Raumrichtungen realisiert werden [28].
Untersuchungen haben außerdem gezeigt, dass ein Aufbau mit drei Spulenpaaren zur FFL-Generierung nur eine etwa dreimal so hohe elektrische Verlustleistung hat wie ein vergleichbarer FFP-Aufbau. Mit steigender Anzahl an Selektionsfeldspulenpaaren steigt der Verlust überproportional an. Jedoch verspricht eine Umsetzung mit vier Spulenpaaren eine am wenigsten vom Idealfall bezüglich auf das Feld abweichende feldfreie Linie. Mit steigender Anzahl an Selektionsfeldspulen steigt die Güte der FFL aber nicht weiter an [29].

Experimenteller Aufbau zur Generierung einer FFL

Der erste experimentelle Aufbau einer Spulenanordnung zur Erzeugung einer feldfreien Linie kann als Erweiterung der zuvor beschriebenen Topologie gesehen werden. Dazu werden jeweils vier Spulen auf vier Oberflächen eines gedachten Würfels positioniert. Der zweite Würfel befindet sich innerhalb des ersten und ist relativ zu ihm um 45° gedreht. Vier äußere und vier innere Spulen, die in x- oder y-Richtung bzw. eine Kombination aus beiden gerichtet sind, generieren die feldfreie Linie. So kann eine bessere Homogenität der FFL erreicht werden, da die einzelnen

Spulen größer und die Abstände zwischen ihnen kleiner sind. Komplettiert wird der Aufbau durch ein weiteres Spulenpaar in z-Richtung, welches die inneren vier Selektionsfeldspulen umschließt. Es konnte experimentell gezeigt werden, dass mit dieser Anordnung eine feldfreie Linie erzeugt, verschoben und rotiert werden kann [34].

Rekonstruktion

Zur x-Space-Rekonstruktion der mit Hilfe der feldfreien Linie aufgezeichneten Daten kann analog zur Computertomografie die gefilterte Rückprojektion verwendet werden. Es konnte gezeigt werden, dass das durchschnittliche magnetische Moment der Partikel parallel zur FFL immer konstant ist. Die Gültigkeit dessen erlaubt die Darstellung der induzierten Spannung mit Hilfe der Radon-Transformierten $\mathcal{R}$ der Partikelkonzentration [30]. Für die in der Empfangsspule i induzierte Spannung gilt

$$U_i^\gamma(t) = q_i^\gamma A\Lambda'(t)\Big(\tilde{m}(\nu) * \mathcal{R}(c)(\gamma,\nu)\Big), \tag{2.23}$$

wobei γ den Rotationswinkel der FFL beschreibt, q_i^γ den Projektionswinkel bestimmt,

$$\Lambda(t) = \sin(2\pi f_0 t) \tag{2.24}$$

die Anregungsfunktion ist, über die der Abstand $\nu(t) = A\,G^{-1}\,\Lambda(t)$ zwischen FFL und Mittelpunkt des FOV berechnet werden kann, und $\tilde{m}(\nu)$ das Faltungskernel beschreibt mit

$$\tilde{m}(\nu) = m\frac{\mathrm{d}}{\mathrm{d}\nu}\mathcal{L}\left(\frac{m\mu_0}{k_\mathrm{B}T}G\nu\right). \tag{2.25}$$

Die Radon-Transformation ist allgemein definiert als

$$\mathcal{R}(c)(\iota,\kappa) = \int_\mathbb{R} c(\iota\cos\gamma - \kappa\sin\gamma, \iota\sin\gamma + \kappa\cos\gamma)\,\mathrm{d}\iota. \tag{2.26}$$

Erweitert man Gl. 2.23 um $r(t)$, so erhält man die induzierte Spannung unter Berücksichtigung des nichtadiabatischen Modells:

$$U_i^\gamma(t) = \Big[q_i^\gamma A\Lambda'(t)\,(\tilde{m}(\nu) * \mathcal{R}(c)(\gamma,\nu))\Big] * r(t). \tag{2.27}$$

Zur Rekonstruktion müssen die Signale

1. der verschiedenen Empfangsspulen kombiniert,
2. eine Entfaltung mit $r(t)$ durchgeführt,
3. durch die Geschwindigkeit der FFL ($\Lambda'(t)$) dividiert,
4. das Zeitsignal auf den Ort gegriddet,
5. mit der PSF $\tilde{m}(\nu)$ entfaltet
6. und eine inverse Radon-Transformation durchgeführt werden [15].

2.3 Entfaltung

Während des Rekonstruktionsprozesses wird zweimal eine Entfaltung durchgeführt. Dabei ist die Entfaltung die Inversion einer Faltung [30]. Eine Faltung $\phi * \psi$ der zwei Funktionen ϕ und ψ ist mathematisch definiert als

$$(\phi * \psi)(x) = \int_{-\infty}^{\infty} \phi(x-t)\psi(t)\,\mathrm{d}t. \tag{2.28}$$

Für Faltungen gilt Kommutativität sowie Distributivität [35]. Nach dem Faltungstheorem ist eine Faltung zweier Funktionen äquivalent zu der Multiplikation ihrer Fouriertransformierten [36]. Daher kann die Entfaltung des Signals $\tilde{s}^{\gamma}$ mit $\tilde{m}$ per inverser Fouriertransformation berechnet werden:

$$\mathcal{R}(c)(\gamma,\zeta) = \mathcal{F}^{-1}\left(\frac{\hat{s}^{\gamma}(a)}{\hat{m}(a)}\right). \tag{2.29}$$

Dabei stellen $\hat{s}^{\gamma}(a)$ und $\hat{m}(a)$ die Fouriertransformierten von $\tilde{s}^{\gamma}(\zeta)$ bzw. $\tilde{m}(\zeta)$ dar. Um das Rauschen, welches auf den Daten liegt, zu unterdrücken, kann man eine so genannte Wiener-Entfaltung anwenden:

$$\mathcal{R}(c)(\gamma,\zeta) = \mathcal{F}^{-1}\left(\frac{\hat{s}^{\gamma}(a)}{\hat{m}(a)}\left(\frac{|\hat{m}(a)|^2}{|\hat{m}(a)|^2 + \frac{1}{SNR(a)}}\right)\right). \tag{2.30}$$

So werden im Frequenzraum genau diejenigen Frequenzen gedämpft, bei welchen man ein geringes SNR erwarten kann [30].

3 Material und Methoden

Das theoretisch beschriebene Setup eines FFL-MPI-Scanners wurde am Institut für Medizintechnik (IMT) der Universität zu Lübeck technisch umgesetzt [15, 34]. Sowohl Hardware als auch Software des Gerätes werden ständig weiterentwickelt mit dem langfristigen Ziel, Echtzeitbildgebung zu erreichen [15].

3.1 FFL-Scanner-Aufbau und Signalerzeugung

Herz des Scanners ist eine Kombination aus Spulen und Permanentmagneten. Die selbstentwickelten Spulen und die mit Kupfer abgeschirmten Permanentmagneten aus Neodym-Eisen-Bor befinden sich in einer festen Anordnung in einem Gehäuse (siehe Abb. 3.1).
Die Erzeugung der feldfreien Linie wird realisiert durch 20 Selektionsfeldspulen und zwei Permanentmagneten, welche eingesetzt werden, um die benötigte Stromstärke in den Spulen zu verringern und trotzdem ein starkes Selektionsfeld erzeugen zu können. Dabei sind die magnetischen Südpole zum Mittelpunkt des Scanners ausgerichtet, so wird dort ein 1,08 T $\mathrm{m}^{-1}\,\mu_0^{-1}$ starkes Gradientenfeld generiert. Genau den gleichen Gradienten können auch die Selektionsfeldspulen erzeugen. Sie sind aufgeteilt in zwölf äußere und acht innere Spulen. Jeweils zwei innere Spulen liegen übereinander. Die vier zusammengesetzten Einheiten aus zwei Spulen sind in einem Ring in der x-y-Ebene in Winkeln von 90° zueinander angeordnet. Die äußeren Selektionsfeldspulen sind genauso verteilt, nur dass eine Einheit aus drei übereinanderliegenden Spulen besteht. Der äußere Ring ist zum inneren um 45° gedreht. Während die inneren Spulen je nach Stromrichtung die FFL unter einem Winkel von $\gamma = 0°$ oder $\gamma = 90°$ erzeugen können, übernehmen die äußeren Spulen diese Funktion für $\gamma = 45°$ bzw. $\gamma = 135°$. Durch Kombination beider Ringe wird ein beliebig einstellbarer Drehwinkel der FFL erreicht.
Zur Translation werden zwei senkrecht zueinander ausgerichtete Helmholtzspulenpaare als Drive-Feld-Spulen verwendet. Ein Spulenpaar ist dabei unmittelbar

Abbildung 3.1: Scannergehäuse des FFL-Scanners mit Selektionsfeld- und Drive-Feld-Spulen sowie Permanentmagneten.

innerhalb der inneren Selektionsfeldspulen angebracht und sorgt für die Translation der FFL in x-Richtung. Das zweite liegt innerhalb des ersten und kann die FFL in y-Richtung bewegen. Zusammen sind die beiden Spulenpaare damit in der Lage, die FFL beliebig über die x-y-Ebene zu verschieben.

Zwei Empfangsspulen detektieren das Partikelsignal und senden es an die Analog-Digital-Wandler der IO-Karten. Die Spulenrümpfe sind mit einem 3D-Drucker (FORMIGA P 110, EOS, Krailling, Deutschland) hergestellt und danach mit Litze umwickelt worden. Die Spulensensitivitäten beider Empfangsspulen stehen senkrecht aufeinander.

Sechs Ventilatoren dienen zur Kühlung der Spulen. Sie sind ringförmig angeordnet und sorgen für einen Luftstrom durch die Spulenanordnung. Um einen ausreichenden Luftstrom sicherzustellen, beträgt der Abstand zwischen zwei benachbarten Spulen immer mindestens 1,5 mm.

Wegen des geringen Innenradius der Permanentmagneten kann für jeden Winkel nur ein quadratisches Field of view (FOV) mit einer Seitenlänge von 25 mm gemessen werden. Dabei ist dieses jedoch bei jeder Messung um den Winkel γ gedreht, sodass insgesamt nur ein kreisförmiges FOV genutzt werden kann, für das von jedem Winkel Daten vorliegen [15].

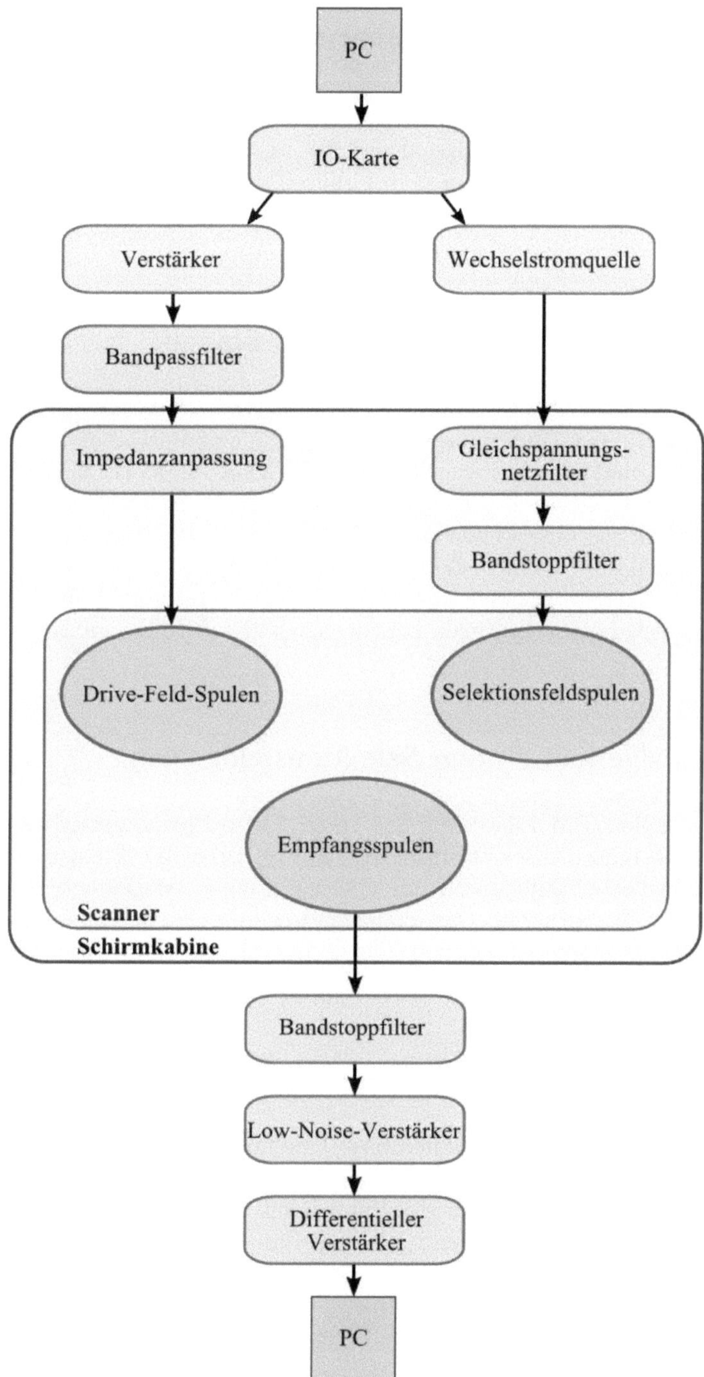

Abbildung 3.2: Signalkette im FFL-MPI-Scanner.

3.2 Signalverlauf und Filterung

Zwischen der Generierung des Signals zur Ansteuerung des Scanners, dem Scanner selbst und dem empfangenen Signal, welches zur Rekonstruktion genutzt wird, liegen einige Bauteile und Filter. Ein Großteil des Aufbaus befindet sich in einer Schirmkabine, um Störsignale zu vermeiden [15]. Abbildung 3.2 zeigt eine schematische Übersicht über die Signalkette.

3.2.1 Signalverlauf zu den Drive-Feld-Spulen

Eine IO-Karte (X3-A4D4, Innovative Integration, CA, USA) erzeugt das sinusförmige Signal mit der Grundfrequenz $f_0 = 25$ kHz für zwei Kanäle. Dieses Signal durchläuft je Kanal einen Verstärker (7796 POWER AMPLIFIER, AE Techron, Elkhart, IN, USA), bevor es mit einem Butterworth-Filter bandpassgefiltert wird, um den Einfluss von Oberwellen zu verringern. Danach gelangt es in die Schirmkabine, wo auch der Scanner steht. Die Drive-Feld-Spulen werden jedoch nicht direkt angesteuert, stattdessen wird vorher noch eine Impedanzanpassung durchgeführt. Damit kann eine optimale Leistungsübertragung des Signals gewährleistet werden [15].

3.2.2 Signalverlauf zu den Selektionsfeldspulen

Vier Stromquellen (SM 7.5-80 und SM 18-50, Delta Elektronika, Zierikzee, Niederlande) versorgen die Selektionsfeldspulen mit Strom. Dieser wird mit Gleichspannungsnetzfiltern (Bajog electronic, Pilsting, Deutschland) gefiltert, um höhere Frequenzen zu unterdrücken. Danach gelangt er in die Schirmkabine, wo er zum Schutz der Gleichstromquellen vor Rückkopplung zusätzlich bandstoppgefiltert wird [15].

3.2.3 Filterung nach Detektion durch die Empfangsspulen

Die beiden Empfangsspulen nehmen das Signal auf, welches allerdings nicht nur von den SPIONs kommt. Zusätzlich empfangen sie direkt das Signal der Drive-Feld-Spulen. Deshalb werden Butterworth-Filter benutzt, um das direkt eingekoppelte Signal — mit der Grundfrequenz f_0 — zu dämpfen. Das verbleibende Signal wird mit einem rauscharmen Low-Noise-Verstärker (SRS560, Stanford Research Systems, Sunnyvale, CA, USA) verstärkt, bevor es einen differentiellen Verstärker erreicht. Von dort aus gelangt es zu einem PC, auf dem die Rekonstruktion durchgeführt wird [15].

3.3 Rekonstruktionssoftware

Das unbearbeitete, jedoch vorverstärkte Spannungssignal aus den Empfangsspulen wird digitalisiert und im bin-Format gespeichert. Mit einem Paket aus in MATLAB (Mathworks, Natick, MA, USA) programmierten Funktionen und dem Hauptskript `HerkulesMainAuto` wird die Rekonstruktion und Darstellung der Bilder realisiert. Abbildung 3.3 gibt einen Überblick über die verwendeten Funktionen und den Ablauf des Programms. Zunächst muss der Anwender im Hauptskript wichtige Messparameter setzen. Dazu gehören u.a. die Anzahl diskreter Winkel der FFL, die Messzeit pro Winkel, die Frequenz des Drive-Feldes, die Abtastfrequenz, Eigenschaften der IO-Karte sowie die Anzahl der Empfangsspulenkanäle. Zur Rekonstruktion werden im Wesentlichen drei, die Partikeleigenschaften beschreibenden Parameter benötigt: die Relaxationszeit τ, der Kerndurchmesser D der SPIONs und die Verschiebungskonstante s, die eine horizontale Verschiebung des Entfaltungskernels $r(t)$ bewirkt. Falls diese Werte nicht bekannt sind, kann eine Kalibrationsmessung mit einer Punktprobe durchgeführt werden, deren Ergebnis genau diese drei Parameter sind. Eine Variable in `HerkulesMainAuto` muss gesetzt werden, um zwischen Kalibrationsmessung oder normaler Messung auszuwählen.

3.3.1 Kalibrationsmessung

Alle auf der linken Hälfte von Abb. 3.3 befindlichen Funktionen dienen der Kalibration. Soll eine solche durchgeführt werden, müssen in `HerkulesMainAuto` weitere Werte gesetzt werden. Einerseits Scanner- und Feld-Eigenschaften wie der Gradient $\mathbf{G}$ des Selektionsfeldes, die Amplitude A des Drive-Feldes und die Partikelkonzentration c der benutzten SPIONs. Andererseits Startwerte für τ, D und s und tolerierbare Standardabweichungen σ_τ, σ_D und σ_s für den jeweiligen Parameter. Außerdem bestimmt werden muss die maximale Anzahl an Iterationsschritten für das Gauß-Newton-Verfahren, welches später zur Optimierung eingesetzt wird. Anschließend werden für jeden Winkel der FFL sowohl Daten einer Leermessung als auch Daten der Messung mit Partikeln aus den .bin-Dateien eingelesen. In der Funktion `calculateTau` findet eine Mittelung der Daten statt und die Leermessung wird von der Partikelmessung subtrahiert, um zeitlich konstante Störsignale zu eliminieren. Zudem wird das Signal phasenverschoben, um Daten einer Periode der FFL-Bewegung zu erhalten, die genau einem nicht phasenverschobenen Kosinus entspricht. Anschließend werden die Übergangsfunktionen von Low-Noise-Verstärker und differentiellem Verstärker herausgerechnet. Die Spannungssignale beider Empfangsspulen werden kombiniert, bevor `findOutTau` zur Findung der gesuchten Parameter aufgerufen wird. Es werden dabei nur die Daten einer halben Periode genutzt, also genau die Bewegung der FFL von einer Seite des FOV zur anderen. Optional kann eine Frequenzfilterung durchgeführt werden. Zur Untersu-

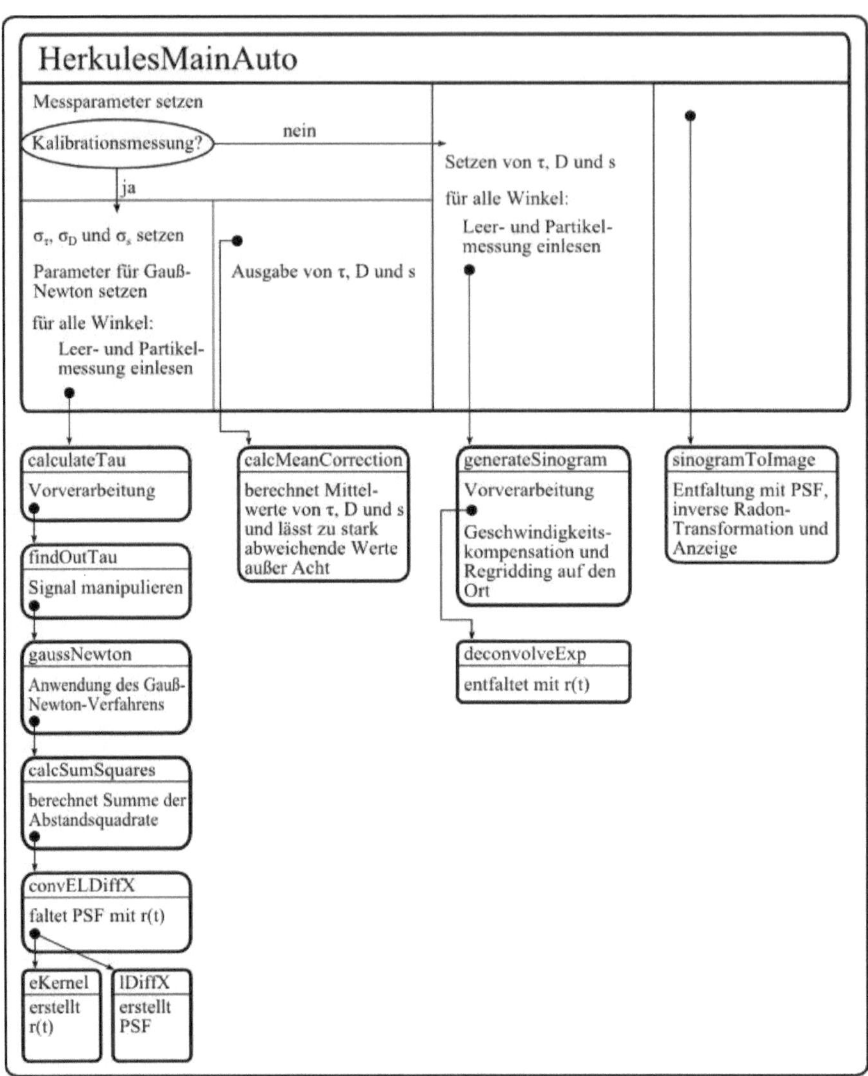

Abbildung 3.3: Ablauf der Rekonstruktionssoftware. HerkulesMainAuto steuert die Funktionen und läuft von oben nach unten sowie von links nach rechts ab.

chung des Einflusses einer solchen Filterung wird im Folgenden zwischen dem Fall mit und dem ohne Frequenzfilterung unterschieden. Weitere Bearbeitungsschritte (siehe *Vorverarbeitung des Spannungssignals* im Unterabschnitt 3.3.1) manipulieren das Signal so, dass es mit einem simulierten Signal verglichen und darüber die gesuchten Parameter herausgefunden werden können. Die Funktion `gaussNewton` übernimmt die Aufgabe, eine bestimmte Funktion in Abhängigkeit von Variablen zu minimieren. Die zu minimierende Funktion ist hier `calcSumSquares`, welche zwei Vektoren mit gleicher Anzahl an Elementen auf 1 normiert und die Quadrate der Differenzen zwischen korrespondierenden Elementen beider Vektoren aufsummiert. Der erste Vektor ist dabei jeweils das zuvor in `findOutTau` vorverarbeitete, echte Spannungssignal des betrachteten Winkels. Den zweiten Vektor, ein unter Anwendung von Gl. 2.27 und des darauffolgenden Rekonstruktionsablaufes modelliertes Spannungssignal, erstellt `convELDiffX` (siehe *Modellierung und Implementierung* im Unterabschnitt 3.3.1). Dabei werden `lDiffX` zur Bildung einer räumlichen Ableitung der Langevinfunktion und `eKernel` zum Erstellen des exponentiellen Entfaltungskernels $r(t)$ genutzt. Sobald die gewünschte Genauigkeit oder die maximale Schrittweite des Gauß-Newton-Verfahrens erreicht ist, werden die berechneten Werte für τ, D und s an `HerkulesMainAuto` zurückgegeben. Von dort wird `calcMeanCorrection` aufgerufen, um die Ergebnisse aller Winkel zu mitteln und potentiell fehlerhafte Messwerte zu löschen (siehe *Mittelung* im Unterabschnitt 3.3.1).

Vorverarbeitung des Spannungssignals

In `findOutTau` wird nur die erste Hälfte des aus beiden Empfangsspulen erhaltenen Spannungssignals genutzt. Bei einer Drive-Feld-Frequenz von $f_0 = 25$ kHz entsprechen 40 μs einer Periode. Deshalb sind die in Abb. 3.4 dargestellten Spannungen über einer Zeit von 20 μs aufgetragen. Die Spannung ist mit dem Wertebereich der IO-Karte skaliert: Ein aus der Abbildung abgelesener Wert muss mit $2/(2^{15} - 1)$ multipliziert werden, um die Spannung in Volt zu erhalten. Da das Signal der Partikel vom direkt aus den Drive-Feld-Spulen eingekoppelten 25-kHz-Signal überlagert ist, wird das in Abb. 3.4 a) dargestellte Signal durch einen negativen Sinus mit einer Frequenz von 25 kHz geteilt, der negative Offset subtrahiert und wieder mit einem Sinus multipliziert. Man erhält das in b) abgebildete Signal, welches wiederum zur Rauschunterdrückung am Rand mit dem Multiplikationskernel c) punktweise multipliziert wird. Dieses Kernel ist zusammengesetzt aus einseitigen Gaußkurven und einer konstanten Funktion in der Mitte. Nach der Glättung entsteht das im späteren Verlauf zur Optimierung benutzte Signal d). Es liegt im Rekonstruktionsverlauf zwischen den Schritten 1 und 2 (siehe *Rekonstruktion* im Unterabschnitt 2.2.4). Optional kann auch vor der Korrektur des Offsets eine Frequenzfilterung durchgeführt werden, um das Signal zusätzlich zu glätten und bei der Anpassung mit der modellierten Kurve keine zu großen Abstandsquadrate

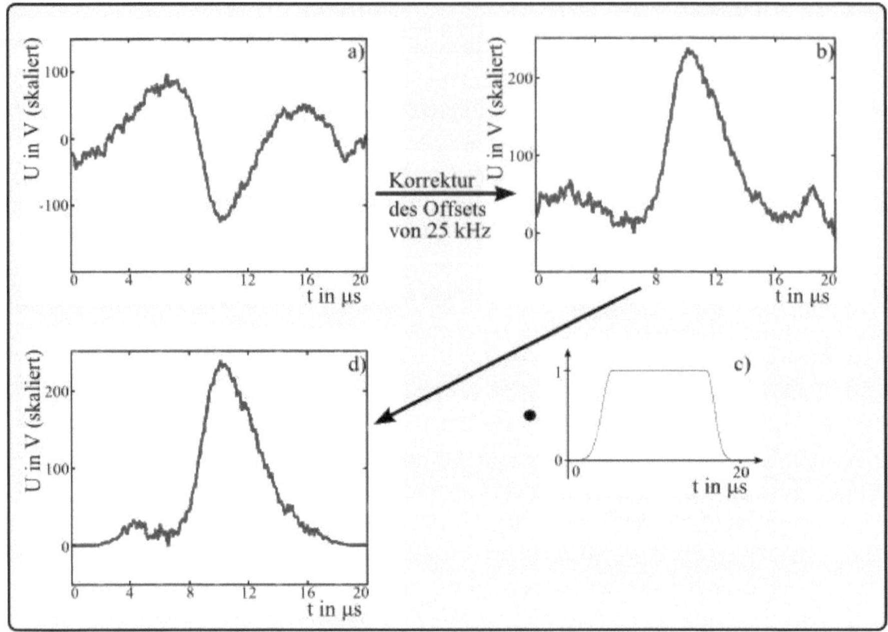

Abbildung 3.4: Vorverarbeitung des in den Empfangsspulen detektierten und gemischten Spannungssignals für einen bestimmten Winkel. Das in a) das Partikelsignal überlagernde direkt eingekoppelte sinusförmige Signal wird herausgerechnet, danach wird b) punktweise mit dem Kernel c) multipliziert, um die Ränder zu glätten. In d) ist das zur Optimierung und Anpassung genutzte Signal zu sehen.

durch einzelne stark verrauschte Messwerte zu erzeugen. Dazu werden zunächst alle Harmonischen ab der 31. auf Null gesetzt. Das nach anschließender Offsetkorrektur sowie Multiplikation mit dem beschriebenen Kernel entstehende Signal ist in Abb. 3.5 dargestellt.

Modellierung und Implementierung

Das modellierte Signal muss unter Variation der Parameter τ, D und s dem echten Signal angepasst werden. Dazu wird der Rekonstruktionsablauf aus Unterabschnitt 2.2.4 in umgekehrter Reihenfolge durchgeführt. Die Funktion `convELDiffX` ruft `lDiffX` auf, welche wiederum eine räumliche Ableitung der Langevinfunktion nach

$$m\,c\,\frac{\mathrm{d}}{\mathrm{d}x}\mathcal{L}\left(\frac{mG\,x}{k_{\mathrm{B}}T}\right) = m\,c\,\left(\frac{k_{\mathrm{B}}T}{mG\,x^2} - \frac{mG}{k_{\mathrm{B}}T\,\mathrm{csch}^2\left(\frac{mG\,x}{k_{\mathrm{B}}T}\right)}\right) \tag{3.1}$$

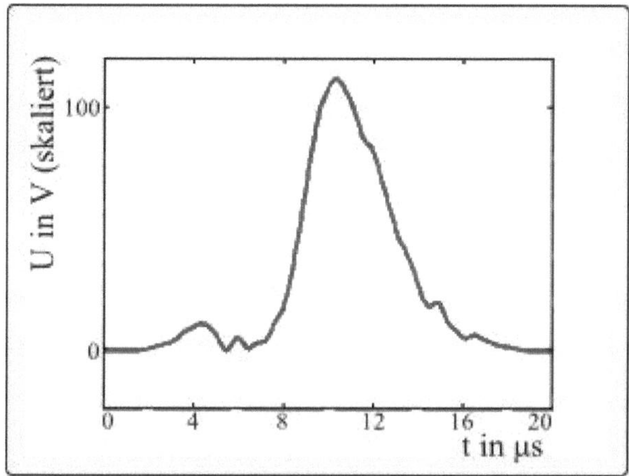

Abbildung 3.5: Mit Frequenzfilterung entstehendes Signal für einen Winkel zur Optimierung und Anpassung.

erzeugt. Diese Funktion ist in Abb. 3.6 a) dargestellt und über dem Ort innerhalb des FOV aufgetragen. Sie wird nicht mehr mit einer rect-Funktion für die Konzentrationsverteilung der SPIONs gefaltet, weil jene der Einfachheit halber als unendlich schmal angenommen wird. Das Ortssignal wird nun in `convELDiffX` auf den Zeitbereich einer halben Periode (20 μs) gegriddet und mit der Geschwindigkeit $\Lambda'(t)$ der FFL multipliziert. Das entstehende, in b) abgebildete Kernel $\tilde{m}(t)$ wird mit $r(t)$ (dargestellt in c)) gefaltet, um rückwärts an die Stelle des Rekonstruktionsprozesses zu gelangen, an dem sich auch das echte Signal befindet. Letzterem wird das in d) dargestellte Signal unter Veränderung der drei Parameter τ, D und s per Gauß-Newton-Verfahren angepasst. Die berechneten Werte für die drei Parameter werden pro Winkel an `HerkulesMainAuto` zurückgegeben.

Mittelung

In `calcMeanCorrection` werden korrigierte Mittelwerte für τ, D und s berechnet, da die Partikel bei jedem Winkel der FFL die gleichen sind und damit die gleichen Eigenschaften haben müssen. Unter manchen Winkeln entstehen jedoch hardwarebedingt starke Abweichungen, weshalb auf Softwareseite folgender Algorithmus zur Eliminierung offensichtlich fehlerbehafteter Werte angewendet wird. Im ersten Schritt wird der Median für τ, D und s gebildet und alle Werte eliminiert, die kleiner als die Hälfte oder größer als das Doppelte des zugehörigen Median sind. Der zweite Korrekturschritt beinhaltet die Berechnung von arithmetischem Mittel und Standardabweichung mit den verbliebenen Werten. Es werden wiederum diejenigen Werte gestrichen, welche außerhalb der jeweiligen,

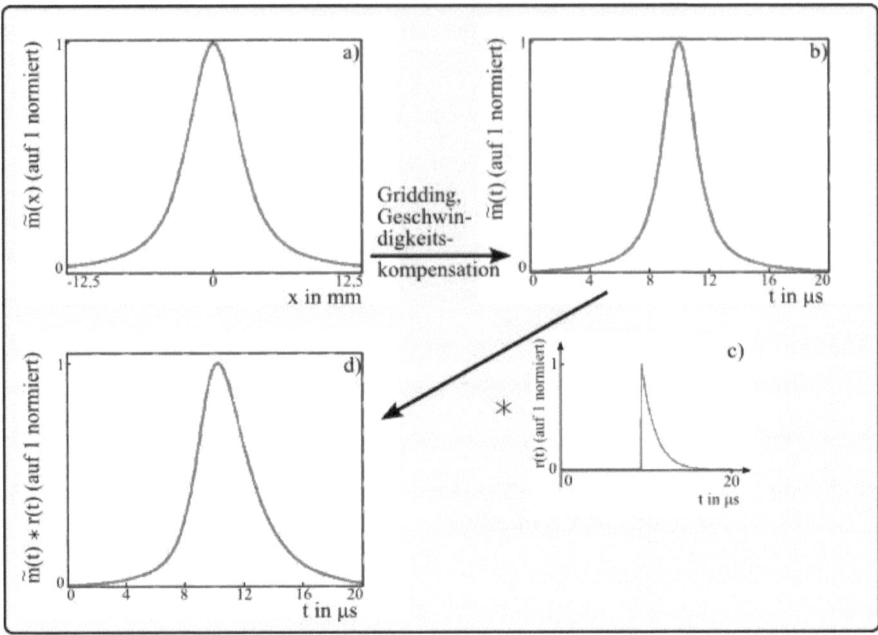

Abbildung 3.6: Entstehung des modellierten Spannungssignals. Die in a) abgebildete räumliche Ableitung der Langevinfunktion wird durch Gridding und Geschwindigkeitskompensation in den Zeitbereich überführt (b)) und mit dem in c) zu sehenden Kernel $r(t)$ gefaltet. Es entsteht das modellierte Signal d), welches dem echten Spannungssignal angepasst wird.

zuvor in `HerkulesMainAuto` bestimmten σ-Umgebung liegen. Aus allen übrigen Werten wird der endgültige Mittelwert für alle drei Parameter gebildet und an `HerkulesMainAuto` zurückgegeben.

3.3.2 Signalverarbeitung bis zum Bild

Im Falle einer Kalibrationsmessung werden τ, D und s von `calcMeanCorrection` an das Hauptskript übergeben. Andernfalls muss der Benutzer sie manuell setzen. Nun werden Leer- und Partikelmessung zur Rekonstruktion eingelesen. Die Funktion `generateSinogram` wird aufgerufen und führt die gleichen Verarbeitungsschritte wie zu Beginn von `calculateTau` aus: Mittelung der Daten, Subtraktion der Leermessung von der Partikelmessung, Phasenverschiebung, Herausrechnen der Übergangsfunktionen und Kombinieren der Empfangsspulenkanäle. Abbildung 3.7 a) zeigt dieses Signal, welches im Anschluss mit Hilfe von `deconvolveExp` mit $r(t)$

entfaltet wird und zu b) führt. Als Algorithmus wird hier eine Wiener-Entfaltung genutzt, bei der Frequenzen mit geringem SNR mit konstantem Dämpfungsparameter gedämpft werden. Die charakteristischen Parameter τ und s für das Entfaltungskernel $r(t)$ sind entweder die vom Benutzer gesetzten oder im Falle einer Kalibrationsmessung die berechneten. Das entfaltete Signal wird gemäß

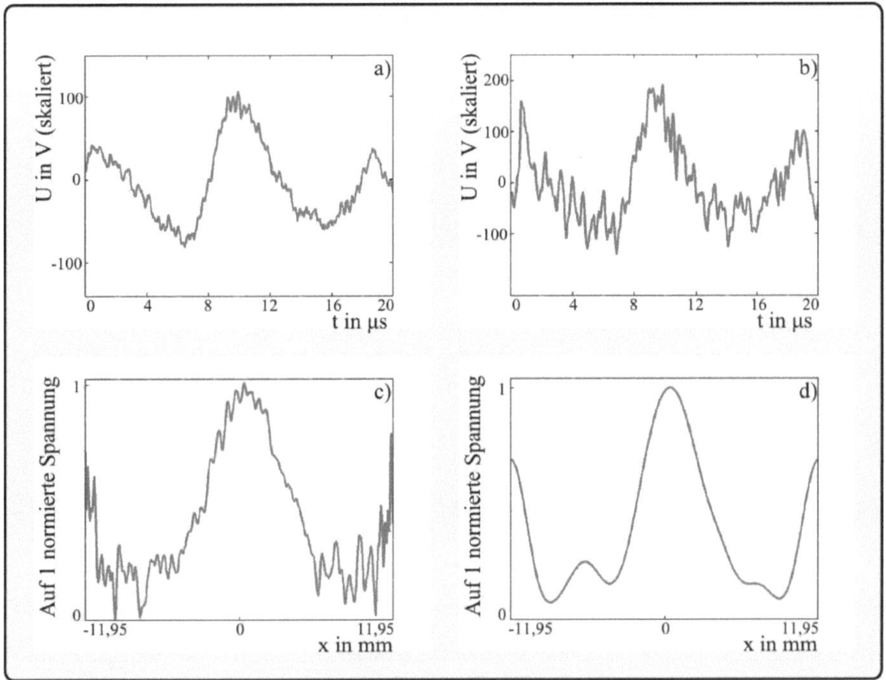

Abbildung 3.7: Entfaltungen des Rekonstruktionsprozesses, beispielhaft dargestellt für einen Winkel. Das gemischte Signal der Empfangsspulen ist in a) abgebildet. Entfaltung dessen mit $r(t)$ ergibt b). Nach Geschwindigkeitskompensation, Gridding auf den Ort und Offsetkorrektur wird das in c) dargestellte Signal mit der PSF $\tilde{m}(x)$ entfaltet. Die vom Winkel abhängige Spalte des Sinogramms wird mit d) gefüllt.

Rekonstruktionsablauf geschwindigkeitskompensiert, also durch $\Lambda'(t)$ dividiert und anschließend auf den Ort gegriddet. Sowohl die entfalteten als auch die nicht entfalteten Signale werden zum Füllen zweier Sinogramme genutzt. `HerkulesMainAuto` erhält beide Sinogramme und übergibt sie an `sinogramToImage`. Darin werden zunächst Werte am Rand abgeschnitten, die durch die Geschwindigkeitskompensation Fehler aufweisen. Subtrahieren des 25-kHz-Offsets und ein Normierungsschritt führen zu dem Signal in c), welches mit der PSF $\tilde{m}(t)$ entfaltet wird. Der Graph in d) zeigt das Ergebnis dieser Verarbeitungskette, das dann abhängig vom Winkel in die entsprechende Spalte eines dritten Sinogramms geschrieben wird. Alle drei Sinogramme — das erste ohne Entfaltung, das zweite nur nach Entfaltung mit $r(t)$ und das dritte auch nach Entfaltung mit der PSF — werden einer inversen Radon-Transformation unterzogen und dargestellt. Zum Vergleich wird ein Pro-

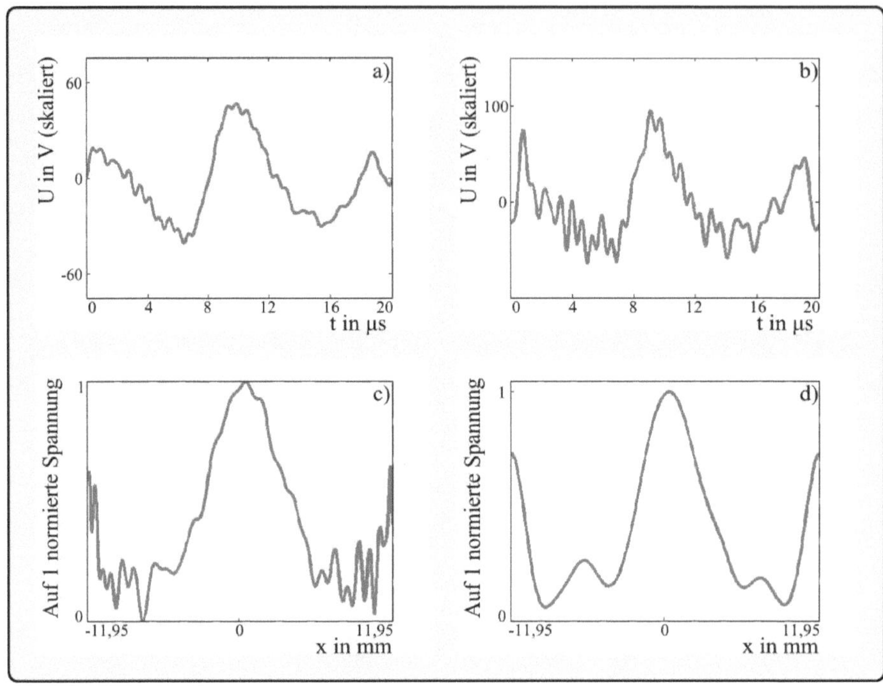

Abbildung 3.8: Entfaltungen des Rekonstruktionsprozesses, beispielhaft dargestellt für einen Winkel. Das gemischte und hier zusätzlich frequenzgefilterte Signal der Empfangsspulen ist in a) abgebildet. Entfaltung dessen mit $r(t)$ ergibt b). Nach Geschwindigkeitskompensation, Gridding auf den Ort und Offsetkorrektur wird das in c) dargestellte Signal mit der PSF $\tilde{m}(x)$ entfaltet. Die vom Winkel abhängige Spalte des Sinogramms wird mit d) gefüllt.

grammdurchlauf mit Frequenzfilterung vor der ersten Entfaltung getestet, um die Auswirkung dessen auf das Rauschen und die Bildqualität zu untersuchen. In Abb. 3.8 sind die vor und nach den Entfaltungen entstehenden Signale für einen ausgesuchten Winkel dargestellt. Dabei werden vor der Entfaltung mit $r(t)$ alle Oberwellen oberhalb der 30. Harmonischen eliminiert, ebenso wie im jeweiligen Durchlauf des Kalibrationsprozesses.

3.3.3 Berechnung des Full-width-half-maximums

Zur Berechnung des Full-width-half-maximums (FWHM) des Bildes mit den beiden Entfaltungen wird folgender einfacher Algorithmus angewandt: Für jeden Winkel, also für jede Spalte im Sinogramm, wird das Maximum und die Position des Maximums im Vektor bestimmt. Schrittweise wird der Vektor vom Maximum aus nach rechts und links durchlaufen, bis der Wert jeweils kleiner oder gleich der Hälfte des Maximums ist. Beide Positionen — links und rechts vom Maximum — werden gespeichert und die Differenz berechnet. Mit dem Wissen, dass die komplette Länge des Vektors der Breite des FOV entspricht, lässt sich daraus eine absolute Längenangabe in Millimetern berechnen. Erneut werden die Werte aller Winkel mit Hilfe von `calcMeanCorrection` gemittelt und das Ergebnis ausgegeben.

4 Ergebnisse

Das in Unterabschnitt 3.3.1 beschriebene Vorgehen passt einen modellierten Spannungsverlauf dem tatsächlich gemessenen an. Dabei werden die Parameter τ, D und s variiert, bis die gewünschte Genauigkeit oder die maximale Anzahl an Iterationsschritten des Optimierungsverfahrens erreicht ist. Mit den gefundenen Werten wird das Bild rekonstruiert (siehe Unterabschnitt 3.3.2) und das FWHM berechnet (siehe Unterabschnitt 3.3.3). Sowohl für die Anpassung als auch für das Bild am Ende des Prozesses wird hier zwischen dem Fall mit Frequenzfilterung und dem ohne unterschieden.

4.1 Anpassung und ermittelte Parameter

Das Gauß-Newton-Verfahren zur Optimierung und Anpassung der modellierten Kurve liefert die der Tabelle 4.1 zu entnehmenden Parameter. Es ist erkennbar,

Tabelle 4.1: Vom Gauß-Newton-Verfahren gefundene Werte für die Parameter τ, D und s. Einmal durchgeführt mit und einmal ohne Frequenzfilterung.

	ohne Frequenzfilterung	mit Frequenzfilterung
τ	1,572 μs	1,614 μs
D	22,99 nm	23,84 nm
s	0,6245 μs	0,6079 μs

dass alle drei Parameter nur wenig von der Frequenzfilterung beeinflusst werden. Die Unterschiede der Werte der einzelnen Parameter zwischen dem Fall mit und dem Fall ohne Frequenzfilterung betragen alle weniger als 4 %.
Dargestellt sind die modellierten und echten Spannungskurven in Abb. 4.1 für das belassene Signal und in Abb. 4.2 für das frequenzgefilterte Signal. Die blaue Kurve stellt jeweils den auf 1 normierten Spannungsverlauf des echten Signals

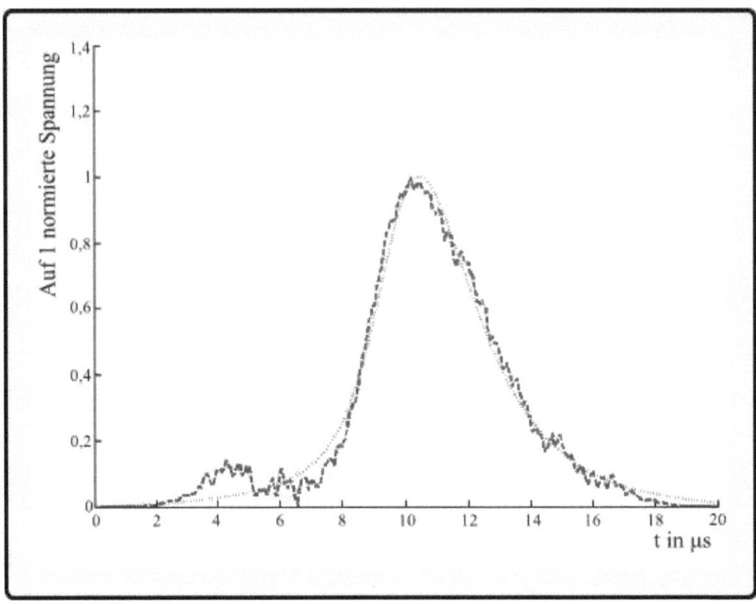

Abbildung 4.1: Ergebnis des Optimierungsprozesses ohne Frequenzfilterung. Das auf 1 normierte, vorverarbeitete Spannungssignal (blau) und das ebenfalls auf 1 normierte, modellierte Signal (rot).

dar, während die rote Kurve durch Anwendung des Modells mit den für τ, D und s gefundenen Werten entsteht. Wegen der Frequenzfilterung weist die echte Spannungskurve in Abb. 4.2 kein hochfrequentes Rauschen auf, die Kurve wirkt glatter als ihr Pendant in Abb. 4.1.
Ansonsten sind Form und Verlauf beider Kurven sehr ähnlich: An den Rändern ist die Spannung konstant Null, was an der Anwendung des Multiplikationskernels liegt. Bei 4,5 μs ist ein kleines Nebenmaximum erkennbar, das globale, auf 1 normierte Maximum, liegt etwa bei 10 μs. Die positive Steigung auf der linken Seite des globalen Maximums ist größer als die negative auf der rechten Seite. Dort fällt das Spannungssignal langsamer ab, als es zuvor angestiegen ist. Es sind außerdem kleine Plateaus auf der rechten Seite der Kurve zu sehen: Selbst im frequenzgefilterten Signal sind drei solche Plateaus deutlich erkennbar.
Die modellierten Kurven weisen aufgrund der sehr ähnlichen Parameter keine erkennbaren Unterschiede auf: Sie verlaufen jeweils unterhalb des Nebenmaximums, liegen auf beiden Seiten am Rand des Peaks oberhalb der Spannungskurve und verlaufen in der oberen Hälfte der Glocke größtenteils innerhalb bzw. unterhalb des echten Spannungssignals. Beim frequenzgefilterten Signal liegen die Maxima des echten und des modellierten Signals direkt aufeinander. Dafür passt sich der Verlauf des Abklingens auf der rechten Seite der Kurve im Fall ohne Frequenzfilterung

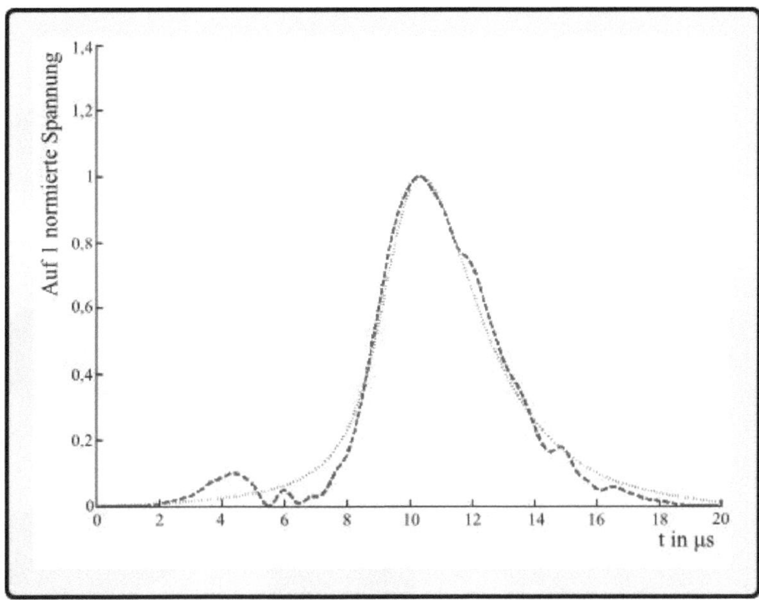

Abbildung 4.2: Ergebnis des Optimierungsprozesses mit Frequenzfilterung. Das auf 1 normierte, vorverarbeitete und frequenzgefilterte Spannungssignal (blau) und das ebenfalls auf 1 normierte, modellierte Signal (rot).

besser dem echten Signal an.

4.2 Rekonstruiertes Bild und FWHM

Die mit Hilfe des Optimierungsalgorithmus gefundenen Parameter werden zum Erstellen der Entfaltungskernel $r(t)$ und PSF verwendet. In Abb. 4.3 ist das Gesamtergebnis der Messung ohne Frequenzfilterung zu sehen, in Abb. 4.4 das mit Frequenzfilterung. Die erste Zeile beider Abbildungen ist identisch: Ein verrauschtes Sinogramm mit einem hohem Signal in der Mitte, aus dem per inverser Radon-Transformation ein zweidimensionales Bild wird. Darauf ist in der Mitte ein verschmierter Punkt zu erkennen, außerdem weist es starkes zufälliges Rauschen auf.

Nach der Entfaltung mit $r(t)$ wird im Sinogramm der Kontrast zwischen Signal und Hintergrund geringer. Sowohl das Signal als auch der Hintergrund sind im Bild mit Frequenzfilterung weniger rauschbelastet. Hier sind auch im 2D-Bild und im 3D-Plot des Ergebnisses im Vergleich zu dem anderen Ergebnis keine schmalen, spitzen Nebenmaxima mehr vorhanden, dafür breitere, glattere, wellenförmige

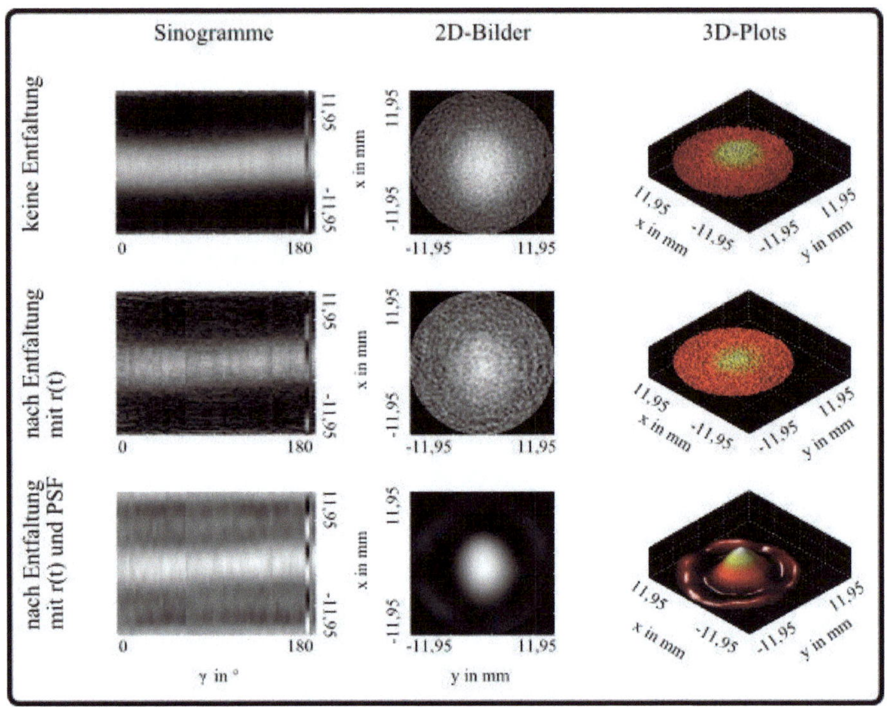

Abbildung 4.3: Ergebnis der Messung ohne Frequenzfilterung. Einmal ohne Entfaltungen (erste Zeile), einmal nur mit Entfaltung mit $r(t)$ (zweite Zeile) und einmal mit Entfaltung mit $r(t)$ und PSF (dritte Zeile). In der ersten Spalte sind die jeweiligen Sinogramme zu sehen, in der zweiten Spalte zweidimensionale Grauwertbilder der Punktprobe und in der dritten Spalte 3D-Intensitätsplots.

lokale Maxima.
Nach zusätzlicher Entfaltung mit der PSF ist das Signal im Sinogramm deutlich angehoben, gleiches passiert jedoch auch mit dem Hintergrund. Die Ränder beider Sinogramme weisen ein nahezu genauso hohes Signal wie in der Mitte auf. Das führt zu einem Signalmaximum in der Mitte des 2D-Bildes, um welches ein ringförmiges Minimum liegt, am Rand ist das Signal wieder stark erhöht. In beiden Bildern ist der Punkt deutlich verschmiert und nicht scharf vom Hintergrund getrennt. Dass das globale Maximum im 3D-Plot der Messung ohne Frequenzfilterung höher aussieht, liegt nur an der Skalierung der y-Achse.
Im jeweils untersten Sinogramm beider Messungen wurde das FWHM bestimmt. Es beträgt für den Fall ohne Frequenzfilterung 7,73 mm und für den mit Frequenzfilterung 7,94 mm.

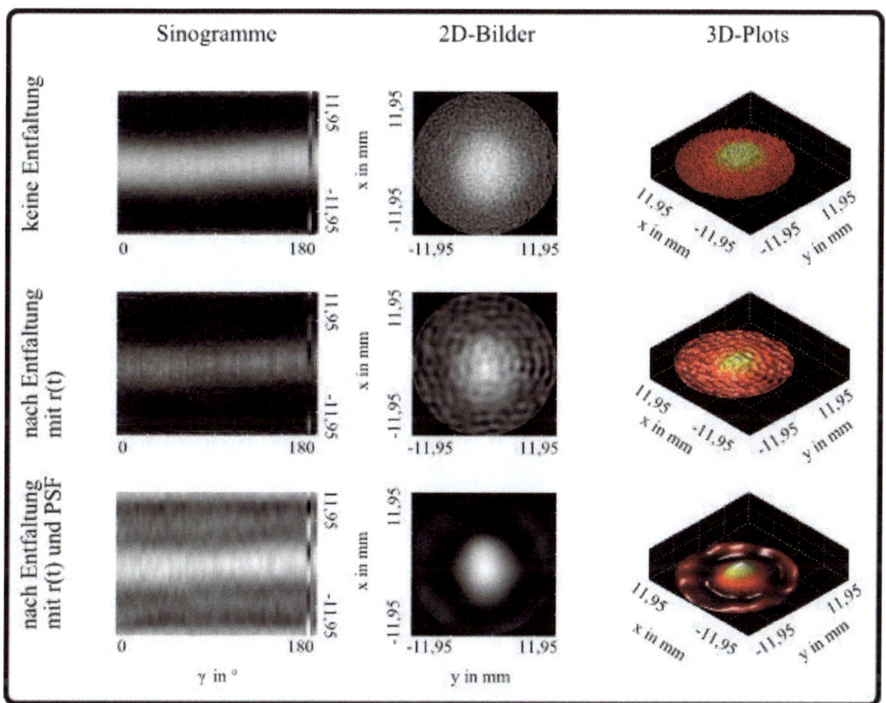

Abbildung 4.4: Ergebnis der Messung mit Frequenzfilterung. Einmal ohne Entfaltungen (erste Zeile), einmal nur mit Entfaltung mit $r(t)$ (zweite Zeile) und einmal mit Entfaltung mit $r(t)$ und PSF (dritte Zeile). In der ersten Spalte sind die jeweiligen Sinogramme zu sehen, in der zweiten Spalte zweidimensionale Grauwertbilder der Punktprobe und in der dritten Spalte 3D-Intensitätsplots.

5 Diskussion

Die Modellierung des Magnetisierungsverhaltens der SPIONs und die anschließende Optimierung ermöglichen einen Vergleich zwischen Theorie und Messdaten. Dabei werden die Langevintheorie des Superparamagnetismus sowie ein Debye-Prozess erster Ordnung für die Relaxationseigenschaften der Partikel benutzt.
Eine große Abweichung zwischen Messung und Modell stellt das Nebenmaximum der echten Spannungskurve dar. Dafür könnte ein direkt eingekoppeltes, phasenverschobenes 75-kHz-Signal verantwortlich sein, welches sich durch geeignete Filterung auf Senderseite dämpfen ließe. Weitere Quellen dieses Signals könnten Verunreinigungen im System selbst oder Nichtlinearitäten im Empfangsfilter sein. Das Nebenmaximum verändert in der Konsequenz den Verlauf des modellierten Signals, da das Optimierungsverfahren empfindlich auf große Abweichungen reagiert. Eine ähnliche Argumentation kann erklären, warum der Peak des modellierten Signals im Fall mit Frequenzfilterung besser mit dem des echten Signals übereinstimmt: Im nicht gefilterten Spannungssignal bewirkt zufälliges, hochfrequentes Rauschen eine horizontale Verschiebung des Maximums, welche im modellierten Signal jedoch durch Betrachtung aller Werte — deren zufällige Fehler einander in der Summe ausgleichen — unberücksichtigt bleibt. Dieser Effekt kann ebenfalls erklären, weshalb die Optimierungsergebnisse so wenig von der Frequenzfilterung beeinflusst werden: Zufällige Abweichungen, was Harmonische oberhalb der 31. größtenteils darstellen, gleichen sich im Mittel aus. Außer für einen besseren subjektiven Bildeindruck kann deshalb auf eine Frequenzfilterung vor der Optimierung verzichtet werden.
Die Plateaus auf der rechten Seite der Kurve könnten daher kommen, dass Wechselwirkungen zwischen einzelnen SPIONs ähnlich den Effekten in Weiß'schen Bezirken auftreten; für kurze Zeit ändert kein Partikel seine Magnetisierung, doch dann klappen auf einmal mehrere Dipole auf einmal um, weil sie sich gegenseitig beeinflussen. Die geringere Steigung der Kurve auf der rechten Seite des Maximums lässt sich durch die auftretenden Relaxationseffekte erklären. Insgesamt ist eine sehr gute Übereinstimmung zwischen gemessener Spannungskurve und

modelliertem Signal festzustellen.
Um das Modell noch näher an der Realität zu halten, müsste die PSF zu Beginn des Modellierungsprozesses mit einer schmalen rect-Funktion gefaltet werden, die ihrerseits die Konzentrationsverteilung der SPIONs darstellt. Außerdem könnte die Berechnung der Summe der Abstandsquadrate in nur einem bestimmten Zeitintervall oder sogar mit kontinuierlicher Gewichtung einzelner Bereiche erfolgen, um der charakteristischen Region, in der sich die Partikel befinden, einen höheren Einfluss auf die zu findenden Parameter zu verleihen.
Die Ergebnisse der eigentlichen Rekonstruktion zeigen eine gute praktische Anwendbarkeit der unter Modellannahmen gefundenen Werte. Zwar muss das Anheben des Hintergrundrauschens in Betracht gezogen werden, welches bei Entfaltungen immer ein Problem darstellt. Jedoch kann dieser Effekt durch angemessene Wahl der Parameter des Wiener-Filters klein gehalten werden. Bei der zweiten Entfaltung mit der PSF spielt noch ein weiteres Phänomen eine Rolle. Wegen der für x-Space-MPI nötigen Geschwindigkeitskompensation wird am Rand des FOV durch sehr kleine Werte geteilt, was schon bei geringem Rauschen sehr große Fehler in dieses Gebieten erzeugt. Es muss daher ein Kompromiss zwischen guter Bildqualität und wenig Informationsverlust gefunden werden. Auch ein weiterer Verarbeitungsschritt zur Unterdrückung des Signals am Rand zwischen Geschwindigkeitskompensation und PSF-Entfaltung ist denkbar.

6 Zusammenfassung und Ausblick

Das erste automatisch ablaufende x-Space-Rekonstruktionsverfahren für FFL-MPI unter Berücksichtigung von Relaxationsprozessen wurde in dieser Arbeit präsentiert. Mit Hilfe des Gauß-Newton-Verfahrens kann die aufwendige Findung von Rekonstruktionsparametern automatisiert und drastisch beschleunigt werden. Es wurde eine sehr gute Übereinstimmung zwischen Partikelmodell und gemessenen Daten gezeigt und ein Bild einer Punktprobe mit den gefundenen Parametern rekonstruiert.

Der nächste erstrebenswerte Schritt ist eine quantitative Optimierung ohne Normierung, sodass man von den Spannungssignalen direkt auf eine absolute Partikelkonzentration schließen kann. Außerdem könnte es sinnvoll sein, die Relaxationskonstante τ analytisch und unabhängig von D zu berechnen, um sicherzustellen, dass die Lösung des Optimierungsverfahrens auf jeden Fall einem globalen Minimum entspricht. Auch ein noch genauerer Ansatz mit mehr als einer einzigen Relaxationskonstante wäre denkbar.

Insgesamt ist das vorgestellte Verfahren eine vielversprechende Neuentwicklung auf dem Weg zu Echtzeit-MPI unter präziser Beachtung von Relaxationseigenschaften der SPIONs und bietet eine sehr gute Möglichkeit, die Auflösung in MPI auf Seite der Rekonstruktion zu verbessern. Dies ist insbesondere für Systeme mit niedrigem Gradienten ein interessanter Ansatz zukünftiger Forschung.

Literatur

[1] B. GLEICH und J. WEIZENECKER. "Tomographic imaging using the nonlinear response of magnetic particles." *nature*, 435:1214–1217, 2005, doi: 10.1038/nature03808.

[2] J. WEIZENECKER, J. BORGERT und B. GLEICH. "A simulation study on the resolution and sensitivity of magnetic particle imaging." *Physics in Medicine and Biology*, 52(21):6363–6374, 2007, doi: 10.1088/0031-9155/52/21/001.

[3] T. M. BUZUG, G. BRINGOUT, M. ERBE, K. GRÄFE, M. GRAESER, M. GRÜTTNER, A. HALKOLA, T. F. SATTEL, W. TENNER, H. WOJTCZYK, J. HAEGELE, F. M. VOGT, J. BARKHAUSEN und K. LÜDTKE-BUZUG. "Magnetic Particle Imaging: Introduction to imaging and hardware realization." *Zeitschrift für Medizinische Physik*, 22(4):323–334, 2012, doi: 10.1016/j.zemedi.2012.07.004.

[4] J. WEIZENECKER, B. GLEICH, J. RAHMER, H. DAHNKE und J. BORGERT. "Three-dimensional real-time *in vivo* magnetic particle imaging." *Physics in Medicine and Biology*, 54(5):L1–L10, 2009, doi: 10.1088/0031-9155/54/5/L01.

[5] J. WEIZENECKER, B. GLEICH und J. BORGERT. "Magnetic particle imaging using a field free line." *Journal of Physics D: Applied Physics*, 41(10):105009, 2008, doi: 10.1088/0022-3727/41/10/105009.

[6] T. F. SATTEL, T. KNOPP, S. BIEDERER, B. GLEICH, J. WEIZENECKER, J. BORGERT und T. M. BUZUG. "Single-sided device for magnetic particle imaging." *Physics in Medicine and Biology*, 42(2):022001, 2009, doi: 10.1088/0022-3727/42/2/022001.

[7] K. GRÄFE, G. BRINGOUT, M. GRAESER, T. F. SATTEL und T. M. BUZUG. "Single-Sided Magnetic Particle Imaging Scanner: System Matrix Measurement." *Biomedizinische Technik*, 59:667–670, 2014, doi: 10.1515/bmt-2014-5009.

[8] P. W. GOODWILL und S. M. CONOLLY. "The X-Space Formulation of the Magnetic Particle Imaging Process: 1-D Signal, Resolution, Bandwidth, SNR, SAR, and Magnetostimulation." *IEEE Transactions on Medical Imaging*, 29(11):1851–1859, 2010, doi: 10.1109/TMI.2010.2052284.

[9] J. J. KONKLE, P. W. GOODWILL, O. M. CARRASCO-ZEVALLOS und S. M. CONOLLY. "Projection Reconstruction Magnetic Particle Imaging." *IEEE Transactions on Medical Imaging*, 32(2):338–347, 2013, doi: 10.1109/TMI.2012.2227121.

[10] P. W. GOODWILL, G. C. SCOTT, P. P. STANG und S. M. CONOLLY. "Narrowband Magnetic Particle Imaging." *IEEE Transactions on Medical Imaging*, 28(8):1231–1237, 2009, doi: 10.1109/TMI.2009.2013849.

[11] P. VOGEL, M. A. RÜCKERT, P. KLAUER, W. H. KULLMANN, P. M. JAKOB und V. C. BEHR. "Traveling Wave Magnetic Particle Imaging." *IEEE Transactions on Medical Imaging*, 33(2):400–407, 2014, doi: 10.1109/TMI.2013.2285472.

[12] H. ARAMI und K. M. KRISHNAN. "Intracellular performance of tailored nanoparticle tracers in magnetic particle imaging." *Journal of Applied Physics*, 115:17B306, 2014, doi: 10.1063/1.4867756.

[13] D. EBERBECK, F. WIEKHORST, S. WAGNER und L. TRAHMS. "How the size distribution of magnetic nanoparticles determines their magnetic particle imaging performance." *Applied Physics Letters*, 98:182502, 2011, doi: 10.1063/1.3586776.

[14] L. R. CROFT, P. W. GOODWILL und S. M. CONOLLY. "Relaxation in X-Space Magnetic Particle Imaging." *IEEE Transactions on Medical Imaging*, 31(12):2335–2342, 2012, doi: 10.1109/TMI.2012.2217979.

[15] K. BENTE, M. WEBER, M. GRAESER, T. F. SATTEL, M. ERBE und T. M. BUZUG. "Electronic Field Free Line Rotation and Relaxation Deconvolution in Magnetic Particle Imaging." *IEEE Transactions on Medical Imaging*, accepted.

[16] R. M. FERGUSON, K. R. MINARD und K. M. KRISHNAN. "Optimization of nanoparticle core size for magnetic particle imaging." *Journal of Magnetism and Magnetic Materials*, 321(10):1548–1551, 2009, doi: 10.1016/j.jmmm.2009.02.083.

[17] S. BIEDERER. "Magnet-Partikel-Spektrometer." Vieweg+Teubner, Wiesbaden 2012.

[18] T. KNOPP. "Effiziente Rekonstruktion und alternative Spulentopologien für Magnetic-Particle-Imaging." Vieweg+Teubner, Wiesbaden 2011.

[19] K. LÜDTKE-BUZUG, J. HAEGELE, S. BIEDERER, T. F. SATTEL, M. ERBE, R. L. DUSCHKA, J. BARKHAUSEN und F. M. VOGT. "Comparison of commercial iron oxide-based MRI contrast agents with synthesized high-performance MPI tracers." *Biomedizinische Technik*, 58(6):527–533, 2013, doi: 10.1515/bmt-2012-0059.

[20] W. DEMTRÖDER. "Experimentalphysik 2." Springer Spektrum, Berlin/Heidelberg 2013.

[21] S. CHIKAZUMI. "Physics of Ferromagnetism." Oxford University Press, New York 1997.

[22] S. BEDANTA und W. KLEEMANN. "Supermagnetism." *Journal of Physics D: Applied Physics*, 42(1):013001, 2009, doi: 10.1088/0022-3727/42/1/013001.

[23] W. F. BROWN. "Thermal Fluctuations of a Single-Domain Particle." *Physical Review*, 130(5):1677–1686, 1963.

[24] A. NEUMANN. "Magnetisierungsverhalten einzelner ferromagnetischer Nanostrukturen." Diss. Universität Hamburg, 2014.

[25] B. GLEICH. "Principles and Applications of Magnetic Particle Imaging." Springer Vieweg, Wiesbaden 2014.

[26] M. I. SHLIOMIS. "Magnetic fluids." *Soviet Physics Uspekhi*, 17(2):153–169, 1974.

[27] R. E. ROSENSWEIG. "Heating magnetic fluid with alternating magnetic field." *Journal of Magnetism and Magnetic Materials*, 252:370–374, 2002, doi: 10.1016/S0304-8853(02)00706-0.

[28] T. KNOPP, T. F. SATTEL, S. BIEDERER und T. M. BUZUG. "Field-free line formation in a magnetic field." *Journal of Physics A: Mathematical and Theoretical*, 43(1):012002, 2010, doi: 10.1088/1751-8113/43/1/012002.

[29] T. KNOPP, S. BIEDERER, T. F. SATTEL, K. LÜDTKE-BUZUG und T. M. BUZUG. "Efficient Field-free Line Generation for Magnetic Particle Imaging." *Magnetic Nanoparticles*, World Scientific Publishing Company, T. M. BUZUG, J. BORGERT, T. KNOPP, S. BIEDERER, T. F. SATTEL, M. ERBE und K. LÜDTKE-BUZUG (Eds.), Singapur 2010.

[30] T. KNOPP, M. ERBE, T. F. SATTEL, S. BIEDERER und T. M. BUZUG. "A Fourier slice theorem for magnetic particle imaging using a field-free line." *Inverse Problems*, 27(9):095004, 2011, doi: 10.1088/0266-5611/27/9/095004.

[31] K. LU, P. W. GOODWILL, E. U. SARITAS, B. ZHENG und S. M. CONOLLY. "Linearity and shift invariance for quantitative magnetic particle imaging." *IEEE Transactions on Medical Imaging*, 32(9):1565–1575, 2013, doi: 10.1109/TMI.2013.2257177.

[32] P. W. Goodwill, J. J. Konkle, B. Zheng, E. U. Saritas und S. M. Conolly. "Projection X-Space Magnetic Particle Imaging." *IEEE Transactions on Medical Imaging*, 31(5):1076–1085, 2012, doi: 10.1109/TMI.2012.2185247.

[33] P. W. Goodwill und S. M. Conolly. "Multi-Dimensional X-Space Magnetic Particle Imaging." *IEEE Transactions on Medical Imaging*, 30(9):1581–1590, 2011, doi: 10.1109/TMI.2011.2125982.

[34] M. Erbe, T. Knopp, T. F. Sattel, S. Biederer und T. M. Buzug. "Experimental generation of an arbitrarily rotated field-free line for the use in magnetic particle imaging." *Medical Physics*, 38(9):5200–5207, 2011, doi: 10.1118/1.3626481.

[35] S. Hildebrandt. "Analysis 2." Springer, Berlin 2003.

[36] H. H. Barrett und K. Myers. "Foundations of Image Science." Wiley Interscience, Hoboken 2003.

Infinite Science Publishing provides a publication platform for excellent theses as well as scientific monographies and conference proceedings for reasonable costs.

These publications enable scientists and research organizations to reach the maximum attention for their results.

The service of Infinite Science Publishing comprises the entire range from the publication of print-ready documents up to cover design as well as copy-editing of single articles.

Infinite Science Publishing is an imprint of the Infinite Science GmbH, a University of Lübeck spin-off and service partner of the BioMedTec Science Campus.

www.infinite-science.de/publishing

Infinite Science GmbH
MFC 1 | BioMedTec Wissenschaftscampus
Maria-Goeppert-Str. 1, 23562 Lübeck
book@infinite-science.de